煤矿环境地质灾害综合治理技术河南省工程实验室资助
国家自然科学基金项目（41872169、41972177）资助
河南工程学院博士基金（D2015007）资助

地层条件下煤中甲烷气体
扩散规律及其机理研究

李　冰　著

中国矿业大学出版社
· 徐州 ·

内 容 提 要

本书以实验室测试、现场试验、数值模拟和理论分析为基础,结合研究区矿井地质和储层地质特征,分析了研究区地温、地应力、储层压力等地层条件变化规律。采用低温液氮吸附实验和冷场发射扫描电镜实验,获取了微观扩散孔隙的新特性,建立了微观扩散孔隙几何模型。选用规则块状煤样,结合气相色谱法开展了煤中甲烷的扩散实验,探寻了孔隙结构、扩散路径、围压、气压和温度等多因素对扩散特征的影响规律及控制机理。筛选出地应力、地温、储层压力和扩散路径方向性作为甲烷扩散的主要影响因素,建立了基于数量化理论 I 的煤中甲烷扩散耦合数学模型,经理论和实践检验,模型精度较高。

本书可供从事煤的储层物性、煤矿井下瓦斯抽采和瓦斯勘探开发的研究人员和工程技术人员以及相关专业的高等院校师生参考使用。

图书在版编目(C I P)数据

地层条件下煤中甲烷气体扩散规律及其机理研究 / 李冰著. — 徐州 : 中国矿业大学出版社,2020.12
    ISBN 978 - 7 - 5646 - 4874 - 9

Ⅰ.①地… Ⅱ.①李… Ⅲ.①煤层—甲烷—气体扩散—研究 Ⅳ.①TD712

中国版本图书馆 CIP 数据核字(2020)第243060号

书 名	地层条件下煤中甲烷气体扩散规律及其机理研究
著 者	李 冰
责任编辑	何晓明
出版发行	中国矿业大学出版社有限责任公司
	(江苏省徐州市解放南路 邮编 221008)
营销热线	(0516)83884103 83885105
出版服务	(0516)83995789 83884920
网 址	http://www.cumtp.com E-mail:cumtpvip@cumtp.com
印 刷	江苏凤凰数码印务有限公司
开 本	787 mm×1092 mm 1/16 印张 9.75 字数 175 千字
版次印次	2020 年 12 月第 1 版 2020 年 12 月第 1 次印刷
定 价	48.00 元

(图书出现印装质量问题,本社负责调换)

前　言

　　我国的能源现状是缺油、少气、相对富煤。2018 年,煤炭在我国一次能源消费结构中所占比例为 66% 左右,在未来相当长的时间内,煤炭的主导地位不会改变。瓦斯与煤同生共存,是一种以甲烷为主要成分的混合气体,既是一种清洁能源,又是煤矿安全生产的灾害源之一。近年来,国务院及国家相关部委出台了一系列文件,重点强调了煤矿瓦斯综合治理的重要性,明确提出"先采气后采煤,采煤采气一体化"的指导方针。但是,我国矿井主采煤层大部分储存于石炭-二叠系,经历的构造运动多,成煤时代早,煤体结构遭受不同程度的破坏,具有瓦斯赋存不均衡的特点。我国 95% 以上的高瓦斯和突出矿井所开采的煤层属于低渗透性煤层,伴随开采深度每年以 15～20 m 的速度递增,煤层瓦斯渗透性呈现出明显降低趋势,如何提高低渗透性煤层的瓦斯抽采率已成为制约煤矿安全生产的头等难题,而煤中甲烷产出需经过解吸、扩散和渗流三个阶段,其中扩散不仅是衔接瓦斯解吸和渗流的纽带,而且是控制瓦斯最终产出速度的必要条件。

　　以往针对煤中瓦斯扩散的研究,主要集中在对煤屑采用解吸实验进行扩散表征和构建扩散数学模型上,缺乏对块煤中瓦斯扩散过程的完整描述和表征。本书以实验室测试、现场试验、数值模拟和理论分析为基础,结合研究区矿井地质和储层地质特征,分析了研究区的地温、地应力、储层压力等地层参数变化规律;采用低温液氮吸附实验和冷场发射扫描电镜实验,获取了微观扩散孔隙的新特性,建立了微观扩散孔隙几何模型;选用规则块状煤样品并结合气相色谱法开展了煤中甲烷的扩散实验,探寻了孔隙结构、扩散路径、围压、气压和温度等多因素对扩散特征的影响规律及控制机理;筛选出地应力、地温、储层压力和扩散路径方向性作为影响甲烷扩散的主要因素,建立了基于数量化理论 I 的煤中甲烷扩散耦合数学模型,经理论和实践检验,模型精度较高。

　　笔者及研究团队潜心于该项研究多年,在煤矿环境地质灾害综合治理技术河南省工程实验室、国家自然科学基金项目(41872169、41972177)、河南工程学院博士基金(D2015007)等资助下,初步探讨了规则块状煤样甲烷扩散特性,旨在为大家提供一个参考、讨论的对象,争取让更多的煤储层物性研究者关注原始块状煤样扩散特性,使有效扩散系数早日成为瓦斯灾害治理工程中一种实用的评价和预测方法。

本书在编写过程中得到了张子戌教授、汤友谊教授、宋志敏教授、张国成教授、齐永安教授、王恩营教授、潘结南教授、宋党育教授、陈守民教授、张明杰教授、于宝教授、牛亚莉副教授、吕闰生副教授、刘高峰副教授、任建刚博士、刘见宝博士、曲艳伟博士、刘红敏博士、薛景予硕士、翁红波硕士、王怀玺硕士、王春硕士、孙洪伟、彭林康、李晨龙、宗文强、闫秋玉、王艳芳等许多专家学者和师生的指导与帮助。现场工业应用得到了山西潞安环保能源开发股份有限公司、河南能源化工集团研究院有限公司、中煤科工集团重庆研究院有限公司、郑州煤炭工业(集团)有限责任公司、永城煤电控股集团有限公司博士后科研工作站等的大力支持,在此一并致以衷心的感谢! 另外,笔者参考了大量国内外文献,在此对这些文献的作者表示感谢!

由于笔者水平所限,书中难免存在疏漏和不足之处,恳请读者予以指正。

李 冰

2020 年 9 月

目　　录

第 1 章　绪论 ……………………………………………………………… 1

1.1　研究背景 ……………………………………………………… 1

1.2　国内外研究现状 ……………………………………………… 2

1.3　存在问题 ……………………………………………………… 12

1.4　研究内容与研究目标 ………………………………………… 13

1.5　研究方法与技术路线 ………………………………………… 13

第 2 章　研究区概况与基础参数 ………………………………………… 16

2.1　研究区位置 …………………………………………………… 16

2.2　地质概况 ……………………………………………………… 18

2.3　煤样基本物理化学参数 ……………………………………… 30

第 3 章　研究区煤层 CH₄ 赋存地质条件 ……………………………… 42

3.1　煤层温度变化特征 …………………………………………… 42

3.2　煤层储层压力变化特征 ……………………………………… 45

3.3　煤层地应力变化特征 ………………………………………… 48

3.4　煤层瓦斯成分变化特征 ……………………………………… 55

3.5　本章小结 ……………………………………………………… 58

第 4 章　煤的孔隙性及扩散孔隙几何模型 ……………………………… 59

4.1　煤的孔隙性实验原理 ………………………………………… 59

4.2　液氮吸附实验 ………………………………………………… 65

4.3　冷场发射扫描电镜实验 ……………………………………… 81

4.4　本章小结 ……………………………………………………… 96

第 5 章 煤中 CH₄ 扩散特征及其控制机理 ································ 99

　5.1 煤中 CH₄ 扩散实验与结果 ······························· 99

　5.2 煤中 CH₄ 扩散规律 ····································· 108

　5.3 煤中 CH₄ 扩散控制机理 ································· 115

　5.4 煤中 CH₄ 扩散耦合数学模型 ···························· 121

　5.5 本章小结 ··· 130

第 6 章 结论与展望 ·· 132

　6.1 结论 ·· 132

　6.2 展望 ·· 133

参考文献 ·· 134

第 1 章 绪 论

1.1 研究背景

我国是一个缺油、少气、相对富煤的国家,煤炭是主要能源,在我国一次能源消费结构中,煤炭产销量一直占 70% 以上[1-4]。自 2012 年以来,受世界经济复苏乏力影响,我国经济发展进入"新常态",煤炭市场形势较前几年发生了较大逆转变动,产能过剩、需求疲软,煤炭行业低迷也已成为"新常态",但从中期和长远来看,煤炭产业总体仍具有较好的发展前景[5-7]。国家《能源中长期发展规划纲要(2004—2020 年)》确定了我国将"坚持以煤炭为主体、电力为中心、油气和新能源全面发展的能源战略"。在可预见的几十年内,煤炭仍是我国的重要能源,预计到 2050 年比例仍将在 50% 以上,以煤炭为主的能源结构短期内将难以改变[2,8-10]。

近年来,随着我国煤矿采掘深度和强度的加大,制约煤炭安全、绿色、高效生产的瓦斯问题日益严重[11-13]。瓦斯与煤同生共存,主要以吸附态赋存在煤层中,其主要成分为甲烷。甲烷是除 CO_2 外最主要的温室气体,甲烷在全球温室效应中所占的比例约为 18%,它比 CO_2 具有更强烈的温室效应,同体积甲烷气体的温室效应是 CO_2 的 25 倍。同时,甲烷又是一种洁净的能源。我国瓦斯资源丰富,据测算,埋深 2 000 m 以浅的煤层气有 36 万亿 m^3,其中已探明储量约 12 万亿 m^3,远景储量约 24 万亿 m^3,具有巨大的开发潜力[11-12]。近年来,国务院及国家相关部委出台了一系列文件,重点强调了煤矿瓦斯综合治理的重要性,明确提出"先采气后采煤,采煤采气一体化"的指导方针[14-16]。实施煤与瓦斯共采不仅能保障我国经济发展对能源的依赖,还将进一步提升我国煤矿安全高效生产水平,尤其对减少温室气体排放具有重要意义[17]。

我国矿井主采煤层大部分储存于石炭-二叠系,经历的构造运动多,成煤时代早,煤体结构遭受不同程度的破坏,具有瓦斯赋存不均衡的特点。我国 95% 以上的高瓦斯和突出矿井所开采的煤层属于低渗透性煤层[14,18],伴随开采深度每年以 15～20 m 的速度递增,煤层瓦斯渗透性呈现出明显降低趋势,如何提高低渗透性煤层的瓦斯抽采率已成为制约煤矿安全生产的头等难题[19]。

煤中瓦斯产出要经过解吸、扩散和渗流三个阶段,解吸是前提,扩散作用在其中发挥着重要的衔接作用[20]。煤层中瓦斯的主要成分——甲烷的解吸速度很快,可在瞬间完成。煤中瓦斯的运移速度取决于扩散和渗流,最终受较慢的扩散阶段所控制,整个过程连续发生[21-22]。因此,如何提高低渗透性煤层瓦斯的扩散速率,是提高低渗透性煤层瓦斯的抽采率面临的主要基础科学问题之一。

本项研究在前人研究成果的基础上,选择研究区广泛分布的碎裂煤为研究对象,选择瓦斯的主要成分——甲烷为扩散跟踪目标,拟开展煤中甲烷扩散物理模拟实验及其控制机理研究。这项基础理论研究可为有效提高瓦斯抽采率提供理论支撑,是解决当前煤矿瓦斯灾害治理工程的关键技术基础,对发展完善瓦斯地质基础理论具有科学价值。

1.2 国内外研究现状

1.2.1 瓦斯分布及影响因素

瓦斯分布规律研究是进行瓦斯地质单元分级的基础,瓦斯是地质作用的产物。瓦斯的形成和保存、运移与富集同地质条件密切相关,主要受煤层埋深、地质构造、顶底板围岩、煤层煤质及储层特性、水文地质特征和岩浆活动等六大因素的综合影响[23-24]。

煤层埋深一般指上覆基岩埋深,在地质构造简单的情况下,基岩埋深是决定性因素。Creedy[25]认为煤层埋深和风氧化带对煤层瓦斯含量有重要的影响,并指出在最大埋深相对应的温度条件下,煤层瓦斯含量不可能超过该温度下的最大吸附量。Bodden 等[26]、Markowski[27]认为煤层瓦斯含量会随着埋深的增加而增加,但是煤层的渗透率和煤层瓦斯的采收率会随着埋深的增加而减小,在煤层气开采活动中应该平衡产气量和煤层埋深之间的关系。

在瓦斯地质研究中,科研人员历来重视地质构造的作用,着重于地质构造的力学分析和主形态分析,分别从构造体系、构造形式以及构造复合、联合部位等方面探讨其对瓦斯分布的影响。在构造复杂区域,上覆基岩埋深影响作用往往变得较弱。周克友[28]、王生全等[29]通过分析地质构造、煤层瓦斯含量与涌出量及煤与瓦斯突出之间的关系,总结出地质构造控制煤层瓦斯的四种类型。康继武[30]从褶皱变形与煤层瓦斯聚集的关系角度,提出了褶皱控制煤层瓦斯的四种基本类型,从理论上解释了褶皱轴部具有聚集和逸散瓦斯双重性的原因。断裂构造破坏了煤层的连续性,开放性断裂构造有利于瓦斯的释放,封闭性断裂构造则有利于瓦斯的保存。Karacan 等[31]认为断层是邻近地层的瓦斯向煤层运移的通道,砂岩层的埋藏河道、黏土脉、上覆地层的渗透性和煤层所处挤压、剪切的位置也会影响瓦斯的运移。刘贻军等[32]认为成煤期后发生的构造运动在煤层气储层内形成的小规模构造,能够形成构造边界,引起储层渗透性、含水性和压力系统的改变。芮绍发等[33]根据生产实践中揭露的地质构造资料结合瓦斯监测资料,详细分析了瓦斯涌出与构造之间的关系,探讨了中小断层构造控制瓦斯分布的规律,论述了中小断层构造与工作面瓦斯涌出之间的关系。张子敏等[34]认为逆冲推覆构造一般有利于瓦斯的保存,地质构造在运动演化过程中会对简单的地质构造加以改造,形成不同的构造组合和复合构造,并运用板块构造理论、区域地质演化理论、瓦斯赋存构造逐级控制理论揭示了瓦斯赋存机理。黄德生[35]认为大至地块小至岩块受外力作用变形而形成一系列的构造形迹,这些构造形迹往往有规律地出现,其特点是大构造形迹逐级控制次一级构造形迹。

顶底板围岩的厚度和透气性是影响瓦斯赋存的主要因素之一。张建博等[36]认为煤层瓦斯通过盖层逸散,需要克服盖层的毛细封闭能力,油页岩、泥质岩层、灰岩等盖层具有较大的突破压力,对瓦斯的毛细封闭性能比较好,但是灰岩有较好的脆性和水溶性,易受构造运动和地下径流破坏而增大其透气性。宋岩等[37]认为上覆盖层不仅通过控制煤层压力影响煤的吸附性,而且也控制着游离气体的运移条件。时保宏等[38]认为良好的围岩封闭性能够阻止煤层与含水层间的水力联系,减少溶解气和游离气的损失。

煤层煤质及煤储层特性对瓦斯的赋存起着决定性的作用,主要包括煤厚,煤的变质变形程度,煤岩组分和煤岩类型,煤层的压力、温度、湿度条件,煤层孔隙/裂隙系统等。宋岩等[37]认为厚煤层不仅产气量大,而且资源丰度高,有利于瓦斯的赋存。Markowski[27]认为煤层瓦斯含量会随煤阶的增高而增加。唐书恒等[39]认为煤的吸附能力反映在微孔构成煤的吸附空间大小上,在中低变质阶段,煤的孔隙比表面积随着变质程度的增高而降低;到中高变质阶段,煤的比表面积又开始随着变质程度增高而增大。Flores[40]认为煤层赋存瓦斯的能力受煤的显微组分影响,煤中无机矿物的含量也是影响瓦斯赋存能力的重要因素。张天军等[41]通过实验证明在相同的压力条件下,温度越高,煤体对甲烷的吸附量越小;在相同的温度条件下,压力越大,煤体对甲烷的吸附量越大。刘日武等[42]认为水分子为极性分子,甲烷分子为非极性分子,水分子更容易取代甲烷分子而吸附于煤中,煤层中水的存在降低了煤层对甲烷的吸附能力。Aminian等[43]认为煤层的微裂隙系统有巨大的赋存瓦斯的能力,煤层裂隙也是游离瓦斯的赋存空间,裂隙越发育、连通性越好,煤层渗透性就越好。除了裂隙系统之外,煤中还存在大量的孔隙。赵庆波等[44]认为煤层瓦斯的吸附量与煤层微孔隙内表面积有直接的关系,煤基质微孔隙的内表面吸附瓦斯量可达90%以上。

叶建平等[45]将水文地质的控气作用概括为三个特征:水力运移逸散作用、水力封闭作用和水力封堵作用。在储层压力高、含水层势能高的地区,煤层瓦斯容易富集;而在储层压力低、含水层势能低的地下水排泄区,煤层瓦斯容易逸散。

Flores[40]认为含煤盆地的热演化成熟度与煤层的埋藏史、热流体循环和来自地壳深部的高热量热流体有着密切的关系。

1.2.2 煤体结构

煤的变形程度、变形作用类型不同,常形成不同的煤体结构。20世纪70年代以前,构造煤分类大多借鉴构造岩的分类方法,即依据煤层破碎后粒度的大小,将构造煤分成不同类型。如1958年苏联科学院地质所将煤层分为非破坏煤、破坏煤、强烈破坏煤(片状煤)、粉碎煤(粒状煤)、全粉煤(土块煤)等五类[46]。1979年,中国矿业学院把破坏煤分为难突出煤(甲)、可能突出煤(乙)和易突出煤(丙)三类[23]。1983年,焦作矿业学院对煤体结构从宏观和微观两个方面进行了大量研究,划分了原生结构煤、碎裂煤、碎粒煤、糜棱煤等四种煤体结构类型,其中碎粒煤和糜棱煤为主要突出煤体。这一划分方案广泛地应用于瓦斯地质领域[23]。1995年,侯泉林等[47]初步提出了构造煤的成因分类方案,根据构造煤脆性和韧性变形的不同分为碎裂煤和糜棱煤两大类,继而将碎裂煤和糜棱煤又各划分为次一级三小类。曹代勇等[48]从煤的变形机制角度,提出了构造煤变形序列划分方案。2004年,以琚宜文等[49]为代表的结构-成因分类方案被提出,此方案按构造变形机制分为三个变形序列十类煤。2004年,汤友谊等[50-51]在焦作矿业学院四类划分基础上,增加了视电阻率、超声波速、泊松比、弹性模量等指标,对原有四类划分指标进行了改进和完善。2009年,王恩营等[52]通过深入分析构造煤的成因、结构、构造特征,提出了一套构造煤划分新方案:构造煤可分为脆性变形、韧性变形两个变形序列共八种煤类,其中,又把脆性变形序列的构造煤进一步划分为片状序列和粒状序列,同时重新厘定了不同类型构造煤的变形性质和结构构造特征。2010年,郭红玉等[53]在苏联科学院地质所五类划分法的基础上,引入地质强度指标(GSI)来表征煤体结构,以此实现煤体结构赋值定量表征。由上可知,人们对煤体结构的认识和分类在不断深入,构造煤分类的内涵在不断完善。

构造煤是原生结构煤在一定温压条件和构造应力作用下形成的,与各种地质构造相伴生,王恩营[54]、曹运兴等[55]、汤友谊等[50]、王生全等[56]、刘咸卫等[57]、邵强等[58]的研究表明,褶皱和顺煤层断层引起的层间滑动是造成构造煤形成和区域分布的主要因素,切层断层是造成构造煤形成和局部分布的主要因素。一般情况下,褶皱的翼部比转折端构造煤更发育,断层上盘比下盘更发育,逆冲断层比正断层更发育,低角度断层比高角度断层更发育。层域上,构造煤的发育主要受煤厚控制,即构造煤主要发育在厚煤层层位。构造煤发育的部位是煤与瓦斯突出最严重的部位,构造通过控制构造煤的分布,进而控制煤与瓦斯突出的分布。

1.2.3 煤的微观孔隙结构及非均匀性研究

煤层的孔隙结构是一种双重孔隙结构,包括裂隙和基质孔隙[59-60]。裂隙分宏观裂隙和显微裂隙,宏观裂隙是瓦斯运移的主要通道,显微裂隙是沟通孔隙与裂隙的桥梁,孔隙是瓦斯储集的主要场所。微观孔隙结构研究对象主要集中于对基质孔隙的研究,其结构复杂,从最大的大孔到较大的中孔直至最小的微孔,具有很宽的孔径分布范围,决定了煤层的吸附、扩散、渗流和力学特征[61-63]。研究煤的微观孔隙结构特征开始于 20 世纪 60 年代,由于它对煤层气资源的开发和瓦斯突出的防治均具有重要意义,可以说研究煤的孔隙特征已成为一项重要的工作,众多学者越来越重视煤的微观孔隙结构研究。目前关于煤的微观孔隙结构的研究较多,已经取得了长足的发展,研究方法主要涉及实验研究和构建数学模型两大方面[64-66]。

(1)煤的微观孔隙结构分类

Gan 等[67]按孔隙的成因将煤基质孔隙分为裂缝孔、热成因孔、煤植体孔、分子间孔。郝琦[68]将煤体孔隙划分为气孔、残留植物组织孔、粒间孔、晶间孔、铸模孔等。Close(克洛斯)等认为煤储层是由裂隙和孔隙组成的双重结构系统[69-70],而 Gamson 等[71]认为在裂隙和孔隙之间还存在着一种过渡类型的孔隙和裂隙。霍永忠等[72-73]对煤中裂隙和显微孔隙进行了成因分类。王生维等[74-75]研究了煤的裂隙特征和基质块孔隙。傅雪海等[59]认为煤储层是由孔隙、显微裂隙和宏观裂隙组成的三元孔隙和裂隙介质。煤的孔隙结构是研究甲烷赋存状态和气、水介质与煤基质块间化学、物理作用以及甲烷解吸、扩散和渗流的基础。张慧等[76]根据孔隙的成因将煤体孔隙划分为原生孔、变质孔、外生孔、矿物质孔等四大类。国内外学者基于不同的测试精度和不同的研究目的,对煤的孔隙结构划分做了大量的研究工作[64,77]。其中,被最为认可的是在国内煤炭工业界应用最广泛的 Ходот 十进制分类系统[78-79]。

煤基质是非常复杂的多孔材料,其结构指的是孔隙与孔隙的空间分布形态。孔隙中瓦斯的运移主要受孔隙的连通性和孔径大小的影响,按照孔隙是否连通可以将孔隙分为死端孔隙、渗透-扩散孔隙和孤立孔隙[63,80-81]。虽然与外界连通,但由于孔隙处于死端位置,孔隙对瓦斯流动几乎不起什么作用,这种孔隙称为死端孔隙;互相连通并且对瓦斯流动产生影响的孔隙称为渗透-扩散孔隙;与外界完全不连通的孔隙称为孤立孔隙[82-83]。

(2)煤的微观孔隙结构实验研究

煤的微观孔隙结构实验研究方法主要分为两类:图像分析法和测试分析法。图像分析法通常采用光学显微镜、扫描电子显微镜、透射扫描电子显微镜、CT 扫描、原子力显微镜等手段进行直接观察和采集照片,利用计算机图像处理技术对采集的照片进行图像处理,从而统计出微观孔隙和裂隙的分布规律。测试分析法通常采用密度测试法、压汞实验、液氮吸附实验、核磁共振、X 射线衍射等手段,来获得孔容、比表面积、中值孔径、孔隙率等孔隙结构参数。所有这些测试技术中任何单一的方法都有其局限性,都不能全面地反映孔隙结构特征[66,84-88]。因此,几种技术的综合运用对孔隙结构的研究很重要。

① 图像分析法

光学显微镜法:是把特定波长的光射到样品的抛光表面上,由于样品表面不同物质成分对入射光的吸收与反射能力不同,进入人眼视觉和进入光电系统的发射光强度也不相同,最终通过人的感觉器官或电信号得到具有差异性的定量信息。光学显微镜可以把对象放大 50～1 000 倍,分辨率最高可达 250 nm,所成图像清晰、完整,识别组分方便,准确性高,通常用于识别和划分煤的岩石学组成。

扫描电子显微镜法:其原理近似电影摄像,用电子束作光源,通过电磁场让电子束偏转并聚焦,然后轰击到样品表面,最后电子显微镜接收到电信号成像[65,89]。与光学显微镜法相比,扫描电子显微镜法具有观察视域大、放大倍数高且连续可调等优点,可以直接观察煤的孔隙分布情况,同时还可以分析煤的孔隙成因类型。扫描电子显微镜放大倍数通常为 15～200 000 倍,一般用于尺度为 0.01～10 μm 的样品观测。此外,可以在扫描电子显微镜观测的基础上,利用图像处理技术,如图像分割技术和小波多尺度变换等方法提取孔隙结构特征,从而展开细致描述级的研究工作[72,85,89-90]。常会珍等[91]观测了贵州织纳煤田珠藏向斜主煤层煤的孔隙分布特征,发现微裂隙没有被充填和不存在植物细胞孔是导致渗透率相对高的内在原因。李希建等[92]对贵州典型矿区的突出煤层进行了研究,发现突出煤样平行层理面存在一定数量的微孔和晶体物质,突出煤样垂直节理表面可见一道或几道大小不一的裂隙。

透射扫描电子显微镜法:其原理是利用高能电子束通过聚光镜聚焦成亮度大、束斑小的电子束照射样品,电子束射穿样品时会携带样品信息,并在成像设备上成像。它比扫描电子显微镜具有高得多的放大倍数和分辨率,最高可放大到 80 万倍以上,分辨的极限为 0.3~0.1 nm,常用于煤的微观和超微孔隙研究,可以直接观察到煤的分子内部芳环层图像[87,93-94]。韩德馨[90]发现煤中不同显微组分的孔隙大小及分布规律不同。其中,壳质组孢子体孔隙小,有少量不规则和管状的孔隙,透气性较差;镜质组孔隙相对较大,多为 2~20 nm,分布广泛,有些相互连通呈网状,具有高透气性的特点;惰质组孔隙最大,孔隙直径大多为 20~500 nm。伴随煤的变质程度不同,孔隙大小及分布规律也呈明显的差异性。其中,无烟煤最小孔隙约为 1 nm,多呈扁平状,长度以 30~60 nm 的居多;烟煤最小孔隙为 4.5~6 nm,孔隙形态较圆,大多呈长串分布,有明显贯通性,多分布于无结构镜质体中;褐煤最小孔隙约为 8 nm,孔隙分布较均匀,连通性不明显,多散布在不同的煤岩组分之间[95]。

CT 扫描法:又称层析成像法,其成像原理是通过发射 X 射线对岩芯做 360°扫描,每个位置上都可采集到一组一维的投影数据,利用旋转运动可得到不同方向的投影数据;综合这些投影数据,经过迭代运算就可以得到 X 射线衰减系数断面分布图[96-97]。孟巧荣等[73]利用 CT 扫描法和压汞法分别对东曲 2# 焦煤孔隙结构进行测试,对两种方法所测结果进行综合分析,从孔隙大小和连通性两个方面研究了煤样的孔隙结构和形态特征,发现 2# 焦煤的孔隙率为 17.2%,连通的开放孔隙占 27.04%,封闭孔隙占 72.96%;孔径在 0.64 μm 之上的孔占 67.74%,孔径在 0.64 μm 和 7.50 nm 之间的孔占 32.26%。莫邵元等[98-99]应用 μCT225kVFCB 型高精度(μm 级)CT 试验分析系统,对瘦煤从 18 ℃到 600 ℃高温下的热破裂过程进行了显微 CT 观测和分析,发现了温度导致煤体破裂及裂隙发展变化的规律。

原子力显微镜法:原子力显微镜是一种用来研究固体材料结构表面的高分辨分析设备,它利用检测样品表面和一个微型力敏感元件之间微弱的原子间相互作用力来发现物质的表面结构及性质。扫描样品时,利用传感器可获得作用力的分布信息,从而得到样品表面结构的纳米级分辨信息。姚素平等[100]使用原子力显微镜对煤的纳米孔隙进行了研究,提出了一种研究煤纳米孔隙结构的新方法。该方法不仅可直观清晰地观察煤的纳米孔隙结构特征,并且可三维定量测量煤的纳米孔隙结构参数,相分析的参数可以表征煤微孔隙率,横切面分析可以揭示煤纳米孔隙的几何学特征,而粒度分析可以检测煤纳米孔隙孔径分布特征。

② 测试分析法

密度测试法:是用密度来计算煤的孔隙率,可以分为煤的全孔隙率和煤中被占有的孔隙率,煤中被占有的孔隙率与煤体中瓦斯的赋存密切相关。煤的全孔隙率伴随煤化程度呈有规律地变化,大多情况下低煤化程度全孔隙率最高,高煤化程度全孔隙率居中,中煤化程度全孔隙率最低[101]。

压汞法:是测定煤孔隙结构最常用的一种方法,多用于测定部分大孔和中孔的孔径分布特征。其基本原理是利用非润湿毛细原理推导出的 Washburn 方程,测量外压力作用下进行脱气处理后固体孔隙空间的进汞量,然后换算为不同孔径尺寸的孔体积、表面积[102]。郭红玉等[103]利用压汞法对 ClO_2 溶液处理前后煤样的孔隙结构变化特征进行研究,发现经处理的煤样孔隙连通性增强,孔容、孔隙率等参数都得到了不同程度的提高,进汞和退汞曲线的滞后现象消失及张开度变小,ClO_2 能够改善煤储层的孔隙结构,增大煤储层的渗透率。李明等[18,104-105]根据压汞阶段汞曲线形态和孔容的特征,将煤中孔隙结构划分为平行型、双 S 型、反 S 型、双弧线型和尖棱型等五种类型,平行型和反 S 型的煤体结构主要是原生结构煤和碎裂煤;双 S 型和双弧线型的煤体结构主要为碎斑煤、糜棱煤和揉皱煤,孔隙连通性较差。构造变形造成了煤的孔隙率和总孔容整体增高及阶段孔容的差异性增长,这是孔隙结构不同的主要原因,但伴随构造变形的不断增强,它对煤体结构破坏的程度有逐渐变小的趋势。

液氮吸附法:是让粉末状样品置于液氮中,通过调节不同实验压力,分别测出样品对氮气的吸附量,绘出不同的吸附和脱附等温线,然后依据不同的孔模型计算比表面积、孔容积和孔分布[106-108]。王向浩等[109]利用低温液氮实验对构造煤与原生结构煤孔隙结构的差异性进行了研究,发现与原生结构煤相比,构造煤低温液氮吸附两阶段的拐点提前,中值孔径显著偏小,微孔-中孔、总孔容范围内各孔径段孔容以及相应的孔比表面积均大几倍到十几倍,但两种煤体分段孔比表面积比例却不存在本质的差异。戚灵灵等[110]利用压汞法和低温氮吸附法对寺河矿无烟煤煤样进行孔隙特征研究,发现煤样的低温液氮吸附等温线近似 I 型,煤中的微孔构成煤层瓦斯的吸附空间;压汞曲线没有发现滞后环,多分布 V 形孔和圆柱形孔,裂隙和大孔、可见孔发育。

X 射线衍射法:X 射线衍射技术是人类用来研究物质微观结构的一种方

法,具有无损试样的优点,它的应用范围非常广泛,现已渗透到物理、化学、材料科学以及各种工程技术科学中,是一种最有效的物质结构分析方法[82,111-112]。郭德勇等[113-115]根据煤样薄片、X射线衍射资料的详细分析,划分出小孔细喉、小孔微细喉、小孔微喉、微细孔微细喉和微细孔微喉等五类孔喉结构,其中微细孔微喉为无效储层。韩双彪等[116]系统采集、观察并描述了渝东南地区下寒武统页岩岩芯,分析了页岩纳米级孔隙结构类型、发育特征和影响因素,探讨了纳米孔对页岩储气能力的影响。

（3）煤微观孔隙结构的分形模型研究

研究煤的孔隙结构,需要对其进行多方面表征,除孔径分布和比表面积外,还包含对煤的非均匀性的测定与表征。把分形维数引入多孔材料的研究中,可以定量表征多孔固体材料表面的复杂结构和不均匀性。高比表面积的固体几乎都具有2～3的分形维数,分形维数越接近2,表明表面越光滑;分形维数越接近3,表明表面越粗糙[117-118]。研究显示,煤的表面形貌和孔隙分布均具有非均匀性,有统计分形特征,很难用欧氏几何来描述,采用分形几何描述更为合适[119-120],煤的分形维数及其孔隙结构和比表面积有着重要的联系。使用氮气吸附法和压汞法,可以计算出煤不同孔隙范围的分形维数[121-122]。赵爱红等[117]、傅雪海等[120-121]、谢和平[123]关于煤孔隙结构的分类研究表明:煤隙径结构在65 nm左右发生突变,据此,可将煤孔径以65 nm为界,划分为小于65 nm的扩散孔隙和大于65 nm的渗流孔隙。

郭品坤等[124]以大宁煤矿3#煤层的构造煤和原生结构煤为研究对象,在压汞实验的基础上结合分形维数理论,发现构造煤的进汞总量是原生煤的3倍左右;原生煤无滞后回线,构造煤有明显的滞后回线;原生结构煤有一个突破压力,构造煤有两个突破压力;原生结构煤分形维数特征关系曲线有一个突变点,构造煤则有两个突变点。姜文等[125]研究了石煤（腐泥煤）的孔渗特征,依据分形几何原理,推导出了煤岩不同类型孔隙和毛细管压力曲线的分形几何模型,并将孔隙分形维数分为扩散分维数和渗透分维数分别计算。宋晓夏等[126]采集华蓥山煤田中梁山南矿9个有代表性的煤层样品在进行低温氮吸附实验的基础上,分析了构造煤吸附孔分形特征及分形维数与吸附能力的关系,得出了分形维数D可以表征构造煤吸附孔孔表面和孔隙结构的变化关系——分形维数越高,孔隙结构非均质性越强,微孔含量越多,孔表面越不规则;分形维数大小可反映煤吸附的能力,分形维数越高,吸附能力越强。杨宇等[127]根据分形理论,推导出了一种利用毛管压力曲线和导数法计算煤层孔隙分形维数的方法,并且对计算过程中的分段性进行了讨论,发现不同煤阶的煤具有不同的孔隙类型,分形维数也有明显区别。金毅等[128]探讨了煤岩微观孔隙结构统计意义上的等效构建方法,并在孔隙尺度下模拟流体运移行为的时空演化过程,发现多孔介质的渗透性能受控于少量连通性好的大孔所形成的通道控制,而小孔和微孔中的行为基本属于浓度扩散过程。

1.2.4　扩散理论及模型研究

国内外学者从 20 世纪 50 年代开始对煤屑瓦斯扩散理论进行研究,根据分子扩散理论,煤基质微观孔隙内的瓦斯扩散是在浓度差的驱动下,由瓦斯浓度高的地方向瓦斯浓度低的地方流动,扩散的速度和瓦斯浓度梯度呈线性正比关系[129]。有关瓦斯扩散理论的研究在欧美国家进行得比较多。1999 年,Clarkson(克拉克森)提出等温吸附率模型表征高压煤层气吸附特征,Karacan 等[31,130-133]成功地将该模型应用到煤层气和 CO_2 在煤层中吸附-扩散过程中,但是需要考虑和确定的参数(如孔隙表面积、Henry 系数等)较多。

（1）扩散的分类

何学秋等[134-140]分析了煤层甲烷在煤体中的扩散模式和微观机理。依据分子运动论的观点来看,扩散的产生是由分子不规则热运动引起的。煤是一种典型的多孔介质,依据对多孔固体介质中的扩散特征进行研究,用诺森数表示孔隙直径和分子运动平均自由程的相对大小,依据诺森数划分为五种不同的扩散方式,分别为菲克型扩散、克努森型扩散、过渡型扩散、表面扩散和晶体扩散。当孔隙直径超过分子的平均自由程,主要是分子扩散作用,煤中甲烷在煤孔隙内渗流,随着孔道直径的不断增加,出现稳定层流、剧烈层流、紊流等方式;当孔隙直径低于分子的平均自由程时,可出现克努森型扩散、表面扩散和晶体扩散,以克努森型扩散为主,表面扩散和晶体扩散作用最小,如图 1-1 所示。

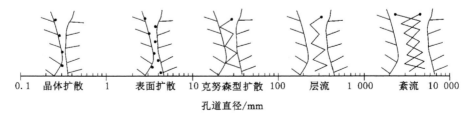

| 0.1 | 晶体扩散 | 1 | 表面扩散 | 10 | 克努森型扩散 | 100 | 层流 | 1 000 | 紊流 | 10 000 |

孔道直径/mm

图 1-1　煤层甲烷在煤孔隙中的流动特征[140]

（2）现阶段扩散模型研究

基于不同角度和实验手段,国内外学者从宏观、微观角度探讨了甲烷在煤体内的运移方式和扩散机理,并建立了相关数学模型[141-146]。传统的研究方法是将煤基质视为等当量球形,用三维欧氏空间借助 Fick 定律导出的球形扩散模型(简称 Fick 扩散定律)进行煤中扩散的定量表征。在浓度差的驱动下,甲烷在煤基质显微孔隙内开始扩散,如果单位时间内甲烷通过单位面积的浓度梯度与扩散速度呈正比关系,即稳态扩散,此时遵循 Fick 第一定律。稳态扩散的条件是甲烷浓度不随时间变化而变化,即扩散速度仅与距离有关,与时间无关。若煤中甲烷的扩散通量既随距离变化,同时也随时间变化,则称为非稳态扩散,可用 Fick 第二定律来描述[147-150]。近年来,探索多孔材料复杂的微观结构与表面特性对扩散的影响越来越受到人们的重视,把这种在多个尺度上具有自相似非均质结构的多孔介质系统称为分形多孔介质。描述非均匀介质中的扩散过程的一个重要方面是研究多孔介质的等效扩散系数和介质拓扑结构之间的联系[146,151-152]。针对上述问题,相关学者在物理、化工、材料等学科方面做了大量的研究工作。研究普遍认为,影响甲烷扩散的因素主要是扩散系统的温度、压力、扩散距离、平均自由程、孔隙大小、连通性、多元组分和浓度[150,153-154]。甲烷在分形多孔介质中的扩散已不能完全满足 Fick 扩散定律,与欧氏空间中的扩散不同,扩散速度较欧氏空间减慢了,即"扩散慢化"效应。分形空间中的扩散为反常扩散,扩散方程不能用普通微分方程准确描述[146,151,155]。

（3）现阶段扩散特性表征方式及成果

目前,煤中甲烷的扩散特性主要是通过扩散系数来表征,依据不同的目的,国内外学者采取了不同的测试方法[156]。瓦斯突出研究普遍采用常压解吸法测定煤屑扩散系数,因扩散系数和形状因子的测定是相当困难的,从实用的角度出发,一般用吸附时间来近似地表示扩散作用进行得快慢。吸附时间是一个特征时间,其确切的物理意义为:总吸附气量(包括残留气)的63.2％被解吸出来所需的时间,是表征从煤基质中解吸出来快慢的定量指标,可作为甲烷从煤储层中扩散出来快慢的近似指标[150,157-159]。石油天然气行业通常采用规则块样结合气相色谱法测试烃类在岩石中的扩散系数,依据在浓度梯度下扩散通过岩样的原理,在岩样两端的扩散室中,其中一端充入烃类,另一端充入氮气,在恒定温度、气压和围压的条件下,扩散室中的浓度随时间推移而变化,通过测定在不同时间点两端扩散气室中各组分的浓度,最后经计算求得烃类在岩样中的扩散系数。煤层气井采气过程的动态模拟中,通常使用钻孔样品常压解吸法确定解吸时间,近似地描述扩散特性[62,160-162]。

Charrière 等[163]对法国 Lorraine 盆地的烟煤进行了研究,发现在 $10\sim60$ ℃范围内,CH_4 在煤样内部的表观扩散活化能是 CO_2 的近 2 倍,从而表明煤中 CO_2 扩散较煤中 CH_4 容易。Clarkson 等[164]研究了含水率对煤中 CH_4 有效扩散系数的影响,发现干燥煤样中的 CH_4 扩散系数高于湿煤样。Cui 等[165]研究发现:在 $0\sim4$ MPa 压力范围内,煤中 CH_4 和 CO_2 大孔表观扩散系数、微孔表观扩散系数均伴随压力的升高而降低。张登峰等[166]研究了不同煤阶煤内部的吸附扩散行为,发现有效扩散系数伴随吸附温度的升高而增加,与煤阶之间呈现出 U 形关系;同样条件下,同种煤样的 CO_2 有效扩散系数均高于 CH_4;不同煤阶煤中的 CO_2 和 CH_4 在扩散中主要受微孔的表面扩散所控制。陈富勇等[167]对构造煤扩散特征进行了研究,结果表明外界压力只是煤吸附与解吸过程中的外在因素,内在因素包括构造煤的结构变化、变形及吸附势场的转换,这才是导致吸附-解吸过程不可逆的根本原因。简星等[142]对河北峰峰矿区大淑村矿、山西大同晋华宫矿和梧桐庄矿三种煤样的扩散性质进行了研究,结果发现 CO_2 在煤体中的扩散系数并不是恒定不变的,而是随着质量分数(CO_2 分压)的降低而减小,在一定范围内还与 CO_2 的质量分数呈线性关系变化。

1.3　存在问题

综上所述,目前有关煤中甲烷扩散物理模拟实验及其机理研究方面,尚存在如下科学问题有待解决:

(1)地应力与扩散系数的关系。以往对煤中甲烷扩散特性的相关研究主要集中在煤屑解吸间接实验,受实验手段的制约,无法考虑地应力与扩散系数的关系;而煤在不同的埋藏深度中,所处环境的地应力都是不相同的。因此,寻求地应力与扩散系数关系的研究是具有科学意义和现实意义的。

(2)不同扩散路径与扩散系数的关系。在瓦斯治理生产实践活动中,不同的治理手段和方法可以形成不同的瓦斯运移路径,因此,寻求不同扩散路径与扩散系数关系的研究成果能为瓦斯治理生产实践活动提供理论依据。

（3）扩散系数数学耦合模型。以往的扩散系数数学模型主要集中在球形扩散理论模型研究方面,而用于扩散系数预测的数学模型国内外未见报道。因此,建立一个以地应力、地温、储层压力和不同方向性为变量的用于预测扩散系数的数学模型具有现实意义。

1.4　研究内容与研究目标

1.4.1　主要研究内容

针对目前研究中对不同温度、储层压力、地应力条件下煤中甲烷扩散规律认识不足的问题,基于煤岩学、瓦斯地质学、渗流力学、岩石力学等学科理论,开展以下研究:

（1）煤的微观结构表征研究。首先利用液氮吸附实验和冷场发射扫描电镜对煤中孔隙大小及空间展布规律情况进行研究,基于研究结果构建煤的微观扩散几何模型,以便更加真实、直接地表征煤的微观孔隙结构,为揭示煤中甲烷的扩散规律及其控制机理奠定基础。

（2）煤中甲烷的扩散规律及其控制机理研究。首先对采集的样品进行工业分析、煤岩显微组分定量统计、元素分析、镜质组反射率测定、煤的物理性质参数测定。在此基础之上,利用扩散实验装置进行煤中甲烷扩散物理模拟实验,研究煤中甲烷扩散的规律及其控制机理。

（3）建立扩散系数的数学耦合关系模型。结合扩散实验成果,构建不同温度点、气压点、围压点和扩散运移方向与扩散系数之间的数学耦合模型,用于预测未知区域煤中甲烷的扩散系数,以便为瓦斯治理工作提供理论依据。

1.4.2　研究目标

（1）建立煤的微观扩散孔隙几何模型。

（2）探寻甲烷在煤体中的扩散规律及其控制机理。

（3）建立地温、储层压力、地应力和扩散方向与扩散系数之间的数学耦合关系。

1.5　研究方法与技术路线

1.5.1　研究方法

确定潞安矿区的高煤阶碎裂煤为研究对象,分析研究区的地温、储层压力和地应力的变化规律,为开展煤中甲烷扩散物理模拟实验提供实验条件参数依据。针对目前研究中对不同温度、储层压力、地应力条件下煤层瓦斯扩散规律认识不足的问题,基于煤岩学、瓦斯地质学、渗流力学、分形几何学、岩石力学等学科理论,开展以下研究:

(1)前期进行调研和煤样的采集与制作。确定潞安矿区为研究区,以目前和下一步主要开采的碎裂煤作为研究煤样,分析研究区的成煤地质史和区域构造演化史。煤样采集后,选择没有裂隙的部位,分别在垂直层理方向和平行层理方向两个方向上钻取岩芯,对岩芯进行端面处理,完成实验样品的制作。

收集整理沁水盆地主要含煤地层的温度场、储层压力场和地应力场资料以及勘探钻孔瓦斯测试资料,分析其变化和分布特征,并利用煤储层地温梯度、储层压力梯度、地应力梯度,对煤层的地温、储层压力和地应力进行预测,为开展煤中甲烷扩散实验提供实验条件参数。

(2)样品测试与实验数据的分析。依据测试目的,按照国家有关标准及行业标准制作样品;进行工业分析、元素分析、煤岩显微组分定量统计分析、镜质组反射率测定、煤的物理性质参数(真密度、视密度、孔隙率)测定;采用低温液氮吸附法分析煤的孔隙结构和孔隙形态;根据低温液氮吸附实验数据,利用煤孔隙分布密度泛函数计算煤的综合分形维数,对煤的非均匀性进行表征;以 CH_4 为扩散跟踪目标,在温度为 $21\sim48$ ℃、气压为 $4.9\sim12.6$ MPa、围压为 $11.5\sim21$ MPa 的情况下,分别进行扩散实验。

(3)煤中 CH_4 扩散机理分析。根据实验结果,对比分析煤的孔隙结构、温度、储层压力和地应力变化规律、扩散运移方向对煤中 CH_4 扩散特性的差异,阐明多种耦合影响因素对煤中 CH_4 扩散的控制机理。主要包括以下内容:① 孔隙结构与扩散特性的关系;② 不同扩散路径与扩散特性的关系;③ 地应力变化对扩散特性的影响;④ 储层压力变化对扩散特性的影响;⑤ 温度变化对扩散特性的影响。

(4)扩散系数的数学耦合关系研究。结合扩散实验成果,构建不同温度点、气压点、围压点和扩散路径与扩散系数之间的数学耦合模型,用于预测未知区域煤中甲烷的扩散系数,指导瓦斯抽采工作,并提供理论依据。

1.5.2 技术路线

拟采用实验室测试分析、理论分析、数值模拟等综合研究方法,研究技术路线如图 1-2 所示。

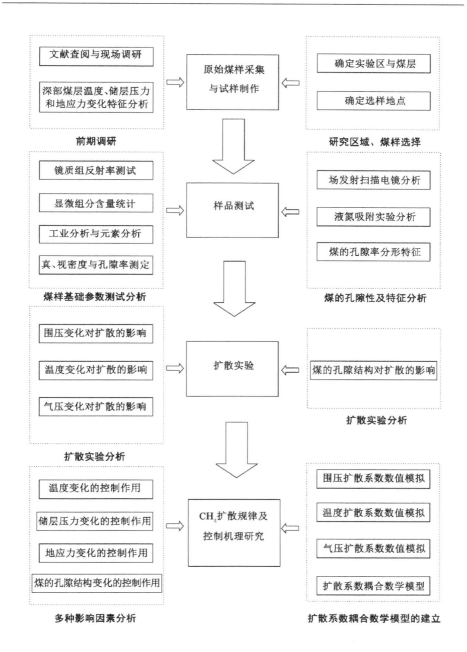

图 1-2 研究技术路线图

第2章　研究区概况与基础参数

2.1　研究区位置

　　潞安矿区南边以晋城市与长治市行政边界为界,与晋城矿区相接;北边以西川断层为界,与武夏矿区毗邻;东边到矿区 15# 煤层露头线;西边以 15# 煤层埋深 1 500 m 为界。矿区总面积约 2 052.8 km²,其中东西宽约 63.1 km,南北长为 44~77 km。中部地理坐标为北纬 36°26′、东经 113°02′[168]。潞安矿区现有规划矿井 11 处,生产矿井 9 处,即屯留矿、五阳矿、石圪节矿、慈林山矿、漳村矿、王庄矿、常村矿、高河矿和司马矿。其中,6 个矿井为高瓦斯矿井,5 个矿井为低瓦斯矿井(表 2-1)。为更好解决高瓦斯矿井在瓦斯治理工作中遇到的突出难题,本次研究选择北东部五阳矿和西部屯留矿两个高瓦斯矿井作为研究区。

表 2-1　潞安矿区 11 处矿井瓦斯等级一览表

煤矿	石圪节	王庄	漳村	慈林山	司马	五阳	常村	屯留	高河	李村	古城
现状	生产	生产	生产	生产	生产	生产	生产	生产	生产	在建	在建
瓦斯	低	低	低	低	低	高	高	高	高	高	高

　　五阳井田位于潞安矿区北东部边缘,地理坐标为东经 112°58′25″~113°05′09″、北纬 36°26′46″~36°33′47″;屯留井田位于潞安矿区西部,地理坐标为东经 112°47′46″~112°54′33″、北纬 36°16′32″~36°25′34″,如图 2-1 所示。矿区交通条件十分便利,太焦铁路线由北向南从矿区东部通过,区内 208 国道、309 国道、太长高速、榆黄公路贯穿矿区,与矿区内公路彼此相连[168-169]。

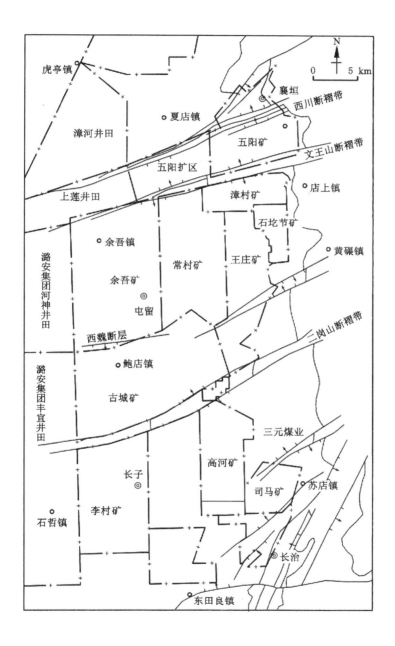

图 2-1　潞安各矿井布置图

2.2 地质概况

2.2.1 地质构造

研究区位于晋获断裂带的西侧,沁水盆地的中东翼,沁水坳陷核部的武乡-阳城坳褶带东侧,沾尚-武乡-阳城 NNE 向坳褶带中段,属华北断块区吕梁-太行断块沁水块坳的东部次级构造单元。矿区主体构造线方向呈 NNE 向展布,与晋获断裂带一致。区域构造格局的形成和发展受沁水块坳与太行山块隆分界的晋获断裂带及武乡-阳城坳褶带控制[170]。沁水盆地整体是一个复式向斜型构造含煤盆地,受华北地区左行剪切挤压影响,于燕山中晚期形成(图 2-2)。

潞安矿区整体为一单斜构造,向西倾斜,伴随有一定规模的断层和褶曲。主体构造线方向呈 NNE 向展布,与晋获断裂带一致,区域性地层走向为 NNE 向,向西缓倾,在走向和倾向上均呈波状起伏,形成轴向 NNE-NE 较为宽缓的短轴褶曲。新华夏构造运动对矿区影响明显,区域性的褶曲彼此平行,呈雁行式排列。两翼地层倾角变化幅度较小,仅几度到十余度。区内断裂构造按照走向,可以分为 NNE-SN 向、NEE-NE 向和 NW 向三组。其中,第二组最发育,矿区南部有南、北二岗山断层,北部有文王山南、北断层和西川断层,中部有中华、安昌断层,矿区因此受到一定程度的切割破坏,形成井田的自然边界。第一组次之,第三组绝大多数为 NNE-SN 走向,主要是矿区东部生产矿井所揭露的落差几米至十余米的小断层(图 2-3)。

潞安矿区构造格局具有南北分段、东西分带的规律。构造变形强度由东向西增强,断裂形式由 NE-NEE 向正断层演变为 NNE-SN 向逆断层。南北两侧构造线方向以二岗山地垒为界,出现较明显的不同。南侧以 NE 向褶曲为主,方向为 N20°~50°E,北侧则为近 SN 走向和 NNW 向的褶曲及逆断层,最大的余吾逆断层断距 90 m,走向 N7°W,在最北部西川正断层和文王山地垒之间,最大断距均超过 100 m 的正断层较发育,并伴有紧闭的褶曲[171]。

因此,潞安矿区总体构造形态为一单斜构造,走向 NNE-SN 向,向西缓倾。在此基础上,发育比较单一的宽缓褶曲,两翼倾角一般小于 10°,沿倾向及走向伴随有少量断距大于 20 m 的断层和一定数量断距小于 20 m 的断层及陷落柱。

五阳矿位于潞安矿区北段,位于西川断层与南部文王山断层组成的 NEE 向的构造带内,南以文王山北断层为界,北以西川断层为界,井田内部构造较复杂。井田构造主体为天仓向斜,瓦斯含量在向斜轴部较大,但在伴生的高角

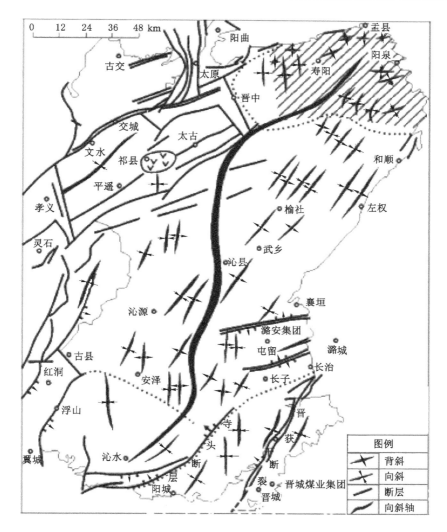

图 2-2　沁水盆地构造纲要图[168]

度正断层处瓦斯得以释放,同时在发育的陷落柱部位形成了低瓦斯带。受五阳坳褶带和晋获断褶带的影响,井田的基本构造特征为向 SW 倾伏的宽缓褶曲,伴有大中型、高角度正断层和次一级的小型断裂,构造线方向大致为 NE和 NEE 方向;地层倾向总体呈现 SW 方向,倾角大约为 10°;3# 煤层层位附近有陷落柱,呈带状分布。整体来看,五阳矿北部构造较为复杂,南部构造相对简单;构造形迹整体上呈 NEE 向,次级构造形迹为近 SN 向。

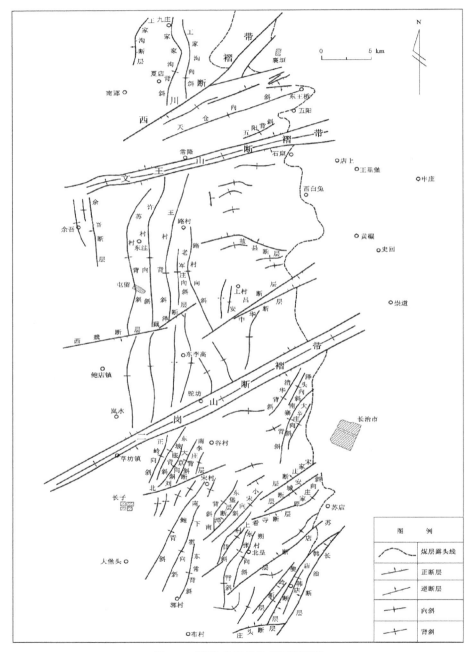

图 2-3 潞安矿区构造纲要图[168]

屯留矿构造特征与潞安矿区构造特征较为一致,但与井田东边的王庄矿、常村矿相比较,逆断层较发育。这是屯留矿所处的构造位置导致的,因为受区域 SEE-NWW 向水平挤压应力场的影响,长治晋城至左权一线基底软弱,发生挤压缩短变形,应力变得较为集中,发育了晋获逆冲推覆构造带,而屯留井田所在的潞安矿区西部紧邻沁水块坳的"硬"核心基底,对由东向西传递的侧向挤压产生阻挡作用,导致沿"硬"核心基底周缘应力集中,形成共轭剪破裂,最后发展为共轭逆断层[172-173]。这组逆断层规模较小,垂向和横向延伸均不远,断断续续形成一条挤压构造带,与硬性块坳核心部分的边缘平行,走向近南北。

2.2.2　地层

潞安矿区位于山西沁水盆地东部边缘中段,属华北地层区山西地层分区宁武-临汾小区。矿区内广为第四系沉积覆盖,仅北东部边缘有零星基岩出露。研究区内地层从新至老有第四系(Q)、三叠系下统刘家沟组($T_1 l$)、二叠系上统石千峰组($P_2 sh$)、二叠系上统上石盒子组($P_2 s$)、二叠系下统下石盒子组($P_1 x$)、二叠系下统山西组($P_1 s$)、石炭系上统太原组($C_2 t$)和本溪组($C_2 b$)、奥陶系中统峰峰组($Q_2 f$)[107]。潞安矿区综合柱状图如图 2-4 所示。

2.2.3　煤层与煤质

（1）煤层

研究区含煤地层为石炭系太原组和二叠系山西组,共发育煤层 6~17 层,平均总厚度约为 11.32 m。其中,3# 煤层稳定、全区可采,15-1# 煤层不稳定、局部可采,15-3# 煤层较稳定、大部分可采,8-2#、9#、12-1#、14# 和 15-2# 煤层极不稳定、局部可采,其余均不可采。各煤层特征见表 2-2。

表 2-2　潞安矿区主要煤层特征表

煤层编号	煤层厚度/m			结构		煤层间距/m		
	最小	最大	平均	夹矸层数	厚度/m	最小	最大	平均
3#	5.34	7.88	6.57	1~6	0.10~1.10			
8-2#	0.07	2.23	1.12	1~2	0.10~0.34	33.27	65.57	50
9#	0.08	1.43	1.10	1	0.02~0.05	6.62	26.50	10
12#	0.15	1.25	1.10	1~2	0.20~0.70	10.26	25.97	18
14#	0.55	2.10	0.60			23.29	33.57	22
15-2#	0.04	1.50	0.31			3.00	19.00	8
15-3#	0.20	4.70	1.56	1~6	0.10~0.60	0.80	5.50	13

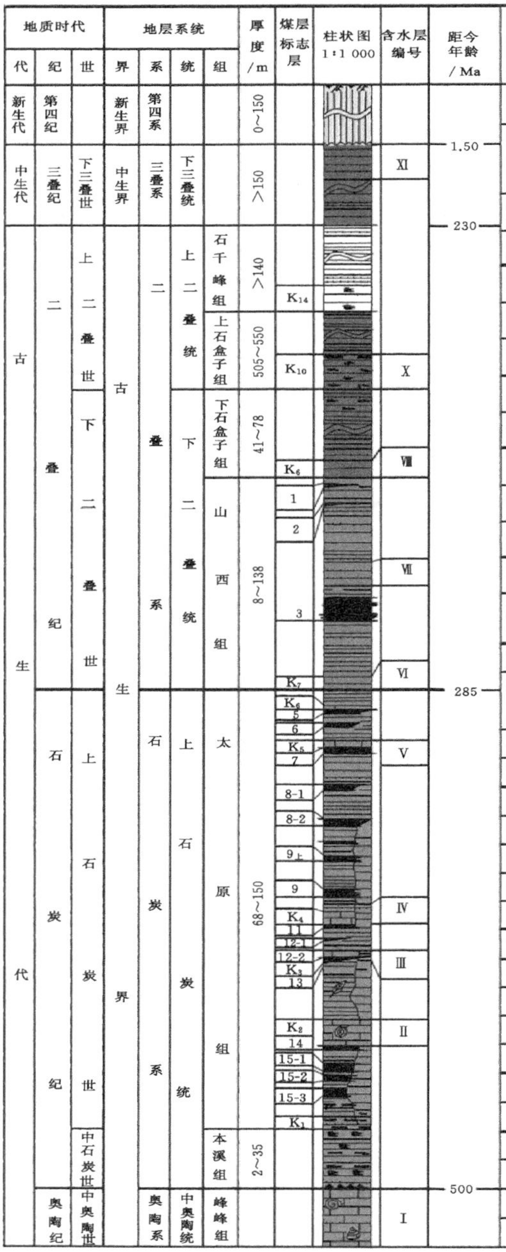

地质时代			地层系统				厚度/m	煤层标志层	柱状图 1:1000	含水层编号	距今年龄/Ma
代	纪	世	界	系	统	组					
新生代	第四纪		新生界	第四系			~0~150				1.50
中生代	三叠纪	下三叠世	中生界	三叠系	下三叠统		>150			XI	230
古生代	二叠纪	上二叠世	古生界	二叠系	上二叠统	石千峰组	>140	K14			
		下二叠世				上石盒子组	505~550	K10		X	
					下二叠统	下石盒子组	41~78	K6		VIII	
						山西组	8~138	1 2 3 K7		VII	285
	石炭纪	上石炭世		石炭系	上石炭统	太原组	68~150	K6 K5 8-1 8-2 9上 9 K4 11 12-1 12-2 13 K3 14 15-1 15-2 15-3 K2 K1		VI V IV III II	
		中石炭世			中石炭统	本溪组	2~35				500
	奥陶纪	中奥陶世		奥陶系	中奥陶统	峰峰组				I	

含水层类型表

编号	岩性	厚度/m	渗透系数/(m/d)	单位涌水量/[L/(s·m)]	水质类型	层间距/m
XI	冲积层风化基石			2.98~5.56	重碳酸钙钙镁型	
X	砂岩	30	0.026~0.305	0.005 2	重碳酸钙钙钠型	80
IX	砂岩	3.5~27.2	1.19	0.47	同上	10
VIII	砂岩 K8	2.0~19.5	0.026	0.018 3	同上	43
VII	砂岩 K7	1.4~28.4	0.005 7	0.000 84	同上	24
VI	砂岩 K7	13.0~30.3	0.085	0.007 4	重碳酸盐钠型	13
V	灰岩 K5	1.38~6.60	0.085	0.000 5	同上	33
IV	K	1.27~7.30	0.001 1	0.000 5	同上	10
III	灰岩 K	0.8~5.50	0.001 1	0.001 7	同上	13
II	灰岩 K	2.2~17.9	0.000 4~0.89	0.089	同上	34
I	灰岩	500~650	0.47~3.15	3.11	重碳酸盐钙型	

煤层特征表

煤层编号 新号	旧号	当地俗称	煤层间距/m	煤层厚度/m 最小	最大	一般	夹石层 层数	厚度/m
1	14							
2	13	腰煤						
3	12	香煤	25	4.00	7.84	6.30	1~6	0.01~0.27
5	11	新煤	2.5		1.01	0.75		
6	10		2.6		7.84	7.84		
7	9		8.5		1.62	0.32		
8-1			7.5		0.93	0.32		
8-2	8	黄煤	8.5	0.07	2.23	1.12	1~2	0.02~0.34
9上			7.5		2.21	0.49		
9	7			0.08	1.43	1.10		0.02~0.04
11			8.5			7.32		
12-1	6	银煤		0.02	1.10	0.77		
12-2			2.6		1.25	0.35		
13	5		20		0.89	0.32		
14	4	三节煤	4.3	0.05	2.10	0.80		
15-1		二节煤	3.4	0.10	2.85	0.99		
15-2		底节煤	1.3	0.04	1.50	0.81		
15-3		四节煤		0.20	4.70	1.56	1~2	0.02~0.60

图 2-4 潞安矿区综合柱状图

主采煤层是二叠系山西组 3# 煤层、石炭系太原组 9# 和 15# 煤层。煤层厚度大,区域上分布稳定。3# 煤层厚度为 5~7 m,平均为 6 m;15# 煤层发生分叉,厚度为 2~4 m,平均为 3 m。

(2)煤质

主采煤层是二叠系山西组 3# 煤层,煤层厚度为 5~7 m,平均为 6 m;3# 煤层以光亮煤和半光亮煤为主,煤岩宏观类型较好。灰分含量为 3%~23%,平均为 12%,属中、低灰分煤层;显微煤岩组分中镜质组含量一般为 80%~90%,煤质较好。本区的变质作用类型为深成变质作用叠加岩浆热变质作用,由北向南变质程度增高。镜质组反射率在 1.84%~2.73% 之间,煤类为瘦煤和贫煤,局部存在无烟煤,煤变质程度高。

2.2.4　水文地质

潞安矿区 3# 煤层底板灰岩岩溶裂隙水总体流向由西向东,顶板以上砂岩裂隙水受采排影响,其流向也受采排形成的降落漏斗控制[174]。根据岩性特征和富水空间性质,区域内主要含水层组按其含水类型自下而上可划分为(表 2-3):

表 2-3　研究区主要含水层水文地质参数

主要含水层	岩性	厚度/m	单位涌水量 /[L/(s·m)]	渗透系数 /(m/d)	水质类型
碳酸盐岩岩溶裂隙含水层组	石灰岩	195.11~205.85	0.030~1.245		HCO_3^- 及 $HCO_3^- \cdot SO_4^{2-}$
碎屑岩夹碳酸盐岩层间岩溶裂隙含水层组	石灰岩	32~124	4.3	0.005~2.85	HCO_3^- 及 $HCO_3^- \cdot SO_4^{2-}$
碎屑岩裂隙含水层组	砂岩	320~435	0.000 3~0.82	0.004~1.74	HCO_3^- 及 $HCO_3^- SO_4^{2-}$
松散岩类孔隙含水层	砂质黏土	40~300	0.007 5~19.00	0.01~24.00	HCO_3^- 及 $HCO_3^- \cdot SO_4^{2-}$

(1)碳酸盐岩岩溶裂隙含水层组

本类型含水层组包括自寒武系中统至奥陶系中统一套石灰岩、泥灰岩、白云岩等厚层状可溶岩石,为岩溶裂隙水,是区域内的主要含水层组。在区域东部大面积出露,主要接受裸露区大气降水的补给及局部灰岩河道的渗漏补给,然后水平径流,岩溶水由北向南、由北西向南东和由南向北向辛安泉群排泄,泉水出露标高在 643~645 m 之间。

(2)碎屑岩夹碳酸盐岩层间岩溶裂隙含水层组

该含水层由石炭系太原组 3~6 层石灰岩组成,含层间岩溶裂隙水,富水性取决于岩溶裂隙发育程度。据潞安矿区资料,除个别地段外,单位涌水量一般小于或等于 0.136 L/(s·m)。

（3）碎屑岩裂隙含水层组

该含水层主要由二叠系砂岩组成,单位涌水量为 0.3～0.472 L/(s·m),除局部富水外,大部分属于弱富水性含水层,局部受构造、地形、岩性的影响,富水性可达中等以上。含水空间以风化裂隙和构造裂隙为主,主要接受大气降水的补给,除少部分沿构造破碎带向深部运移外,大部分沿径向运移为主,径流区与排泄区不明显。由于相对呈层状分布,因此不同层位的含水层各具不同补给区,构成若干小的含水系统。

（4）松散岩类孔隙含水层

该含水层主要由新生界松散沉积物组成,分布于长治盆地、漳河河谷及其支流地带。含水层主要由砂、砾石组成,含孔隙水,涌水量因地而异,富水性不均一,主要接受大气降水的补给,水位埋藏较浅,主要向地表水排泄,区域东部通过断裂带向深部排泄。

区内主要隔水层组:

① 寒武系下统泥岩隔水层组:位于岩溶裂隙含水层底部,在实会-北耽车一带,由于该隔水层抬升出露地表,使岩溶裂隙水全部排泄于地表而形成辛安泉群。

② 石炭系上统泥岩、铝质泥岩隔水层组:主要由泥岩、铝质泥岩组成,位于石炭系上统太原组下部至奥陶系中统顶部之间。

③ 碎屑岩类层间隔水层组:主要由具塑性的泥岩组成,呈层状分布于各砂岩含水层之间。

2.2.5　瓦斯地质

屯留矿 $3^{\#}$ 煤层瓦斯含量平均为 9.48 m³/t,最大含量达 25.5 m³/t。含气性总体受埋深控制,在埋深 400～650 m 之间,原煤含气量随煤层埋深增加的梯度为 2.47 m³/(t·100 m);在埋深 650～900 m 之间,增加的梯度为 0.16 m³/(t·100 m)。

五阳矿 $3^{\#}$ 煤层瓦斯含量为 4.0～24.04 m³/t,煤层埋深 394～588 m 的瓦斯含量介于 5～15 m³/t 之间。五阳矿瓦斯含量为 8～12 m³/t 的区域主要分布于太平背斜轴部及其附近、小黄庄断层、东河湾背斜轴部东北部位等。五阳矿西扩区大部分区域含气量大于 16 m³/t,主要分布于天仓向斜轴部附近及其以南区域,全区含气量最高点为 702 钻孔(埋深 742.40 m,瓦斯含量为 24.04 m³/t)。天仓向斜轴部及其以南的 7-2 孔、801 孔、802 孔、803 孔的含气量均大于 16 m³/t。总体扩区北部区域的含气量低于南部。

潞安矿区 3# 煤层瓦斯含量等值线图如图 2-5 所示。

全区煤层气成分以甲烷为主,平均占 85% 以上,其次为氮气,平均约占 10%,二氧化碳一般含量小于 4%,重烃含量极低(表 2-4)。

表 2-4　煤层气成分百分比

矿井	煤层编号	甲烷含量/(m³/t)	瓦斯成分			
			CH₄/%	CO₂/%	N₂/%	C₂~C₈/%
屯留	3#	6.0~25.5	$\dfrac{33.36\sim99.33}{87.44}$	$\dfrac{0.00\sim15.75}{3.19}$	$\dfrac{0.00\sim62.92}{9.74}$	$\dfrac{0.00\sim2.08}{0.223}$
五阳	3#	4.0~24.04	$\dfrac{81.61\sim97.8}{85.04}$	<4.0	$\dfrac{0.29\sim17.01}{8.64}$	<0.3

潞安矿区内的煤质变化控制了瓦斯流动场,区内分界性的断褶带控制着瓦斯流动方向,造成的地质显著差异也使瓦斯赋存明显不同,中、小构造和岩溶陷落柱使瓦斯自然流场复杂化,它们是造成瓦斯赋存状态横向差异的主要原因。矿区内的文王山、二岗山两大断褶带是地下水分区与分带的边界,同时也是瓦斯分区与分带的边界,导致瓦斯赋存和分布具有明显的分区分带性。总体上讲,整个矿区煤层的埋藏深度为东边浅、西边深,煤层瓦斯含量呈现东低西高的分布趋势。故矿区内以两大断褶带为界限划分为北部(Ⅰ)、中部(Ⅱ)和南部(Ⅲ)三个瓦斯区,其中五阳矿位于北部(Ⅰ)区、屯留矿位于中部(Ⅱ)区、李村矿和高河矿位于南部(Ⅲ)区(图 2-6)[168]。

(1)北部(Ⅰ)区瓦斯地质规律

本区内主要褶曲是天仓向斜,与其伴生的次级褶曲由北向南有:崔村向斜、大郝沟向斜、十字道背斜、五阳背斜、东周背斜。其轴向除崔村向斜为 NNE 向外,其余均为 NEE 向。天仓向斜横贯井田中央,为本区的控制性构造。小黄庄断层以北至西川断层之间由崔村向斜和大郝沟向斜构成煤层的基本形态,而小黄庄断层以南至文王山北断层之间以中部的天仓向斜构成本区的基本形态。西川断层以北,构造格架由 NNE 向宽缓褶曲组成,西部 NNE 走向的王家沟逆冲断层是矿区内唯一出露的逆断层。区内边界断层西川、文王山均为 NE 向,主要形成于燕山晚期,矿区处于引张体制,使得附近瓦斯大量释放。本区在燕山早中期处于近 NW 向挤压体制下,发育一系列 NE 向褶曲及断裂,这使得本区内 NE 向主体构造天仓向斜成为本区主要的富气控气构造。在燕山晚期本区转为以 NW 向引张体制为主,早期形成的 NE 向断裂

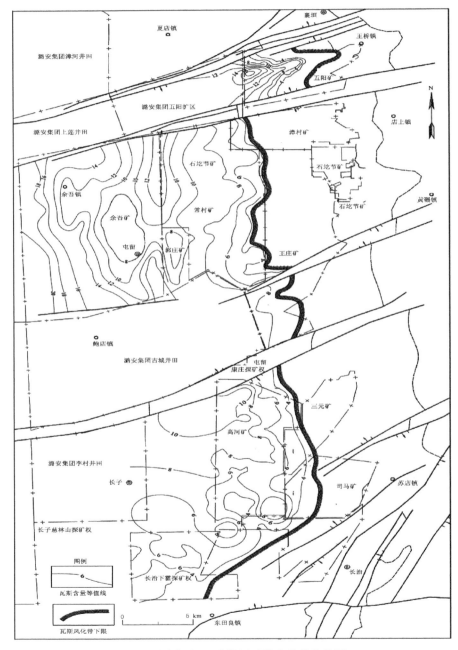

图 2-5　潞安矿区 3# 煤层瓦斯含量等值线图

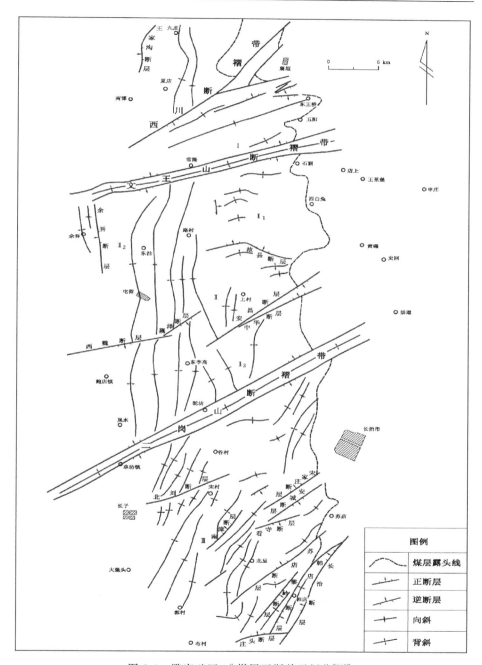

图 2-6　潞安矿区 3# 煤层瓦斯单元划分[107]

在这一时期转为正断层为主,在天仓向斜轴部附近形成的南峰及西大仓断层使得浅部瓦斯大量释放。本区的基本构造线方向大致为 NEE 和 NE 方向,为同一时期本区处于拉张体制下形成,使得井田内部分瓦斯得到释放。

根据对影响本区煤层瓦斯含量的其他相关因素(煤层埋深、上覆基岩厚度、底板标高、煤厚)进行定量分析显示,煤层上覆基岩厚度为影响瓦斯含量的主控因素。文王山断层与西川断层区块内的五阳矿的瓦斯含量与煤层上覆基岩厚度回归方程为:

$$y = 0.044x - 10.06, R^2 = 0.95 \quad (200\ \text{m} < x < 700\ \text{m}) \quad\quad (2\text{-}1)$$

式中,x 为煤层上覆基岩厚度,m;y 为瓦斯含量,m³/t;R^2 为相关回归系数。

由式(2-1)可得瓦斯含量梯度为 4.4 m³/(t·100 m),瓦斯含量趋势值如下:上覆基岩厚度 342 m 处的瓦斯含量趋势值是 5 m³/t;上覆基岩厚度 456 m 处的瓦斯含量趋势值是 10 m³/t;上覆基岩厚度 570 m 处的瓦斯含量趋势值是 15 m³/t;上覆基岩厚度 684 m 处的瓦斯含量趋势值是 20 m³/t。

根据煤炭科学研究总院重庆研究所 2009 年 12 月编制的《五阳矿 76、78 采区 3# 煤层瓦斯基本参数测定报告》可知,井下采用间接法测得 3# 煤层原始瓦斯含量为 9.91 m³/t。根据推算,3# 煤层瓦斯含量为 4.44~16.11 m³/t,相对瓦斯涌出量为 22.37 m³/t,最大相对瓦斯涌出量为 30.7 m³/t,矿井绝对瓦斯涌出量为137.81 m³/min,最大绝对瓦斯涌出量为 258.43 m³/min。3# 煤层瓦斯放散初速度 Δp 为 18~26,煤的坚固性系数 f 为 0.46~0.55,孔隙率为2.84%~3.38%,原始瓦斯压力为 0.06~0.61 MPa。山西省煤炭工业厅以晋煤瓦发〔2011〕467 号文件《关于潞安矿业(集团)有限公司 2010 年度矿井瓦斯等级鉴定结果的批复》确定五阳矿为高瓦斯矿井。根据鉴定结果,2010 年度五阳矿 3# 煤层绝对瓦斯涌出量为 174.71 m³/min,相对瓦斯涌出量为 24.68 m³/t。

(2)中部(Ⅱ)区瓦斯地质规律

本区内构造组合的东西分带性在此段表现最为典型。东部生产区构造简单,伴有平缓波状起伏。断层走向主要为 NEE 向和 NWW 向两组;西部屯留井田则以近 SN 走向的逆断层和宽缓褶曲为主要构造形式。区内总体以宽缓的向斜、背斜为主,构造线方向近 SN 向。地层总体为走向 NNE-SN 向西缓倾的单斜,地层倾角一般为 3°~7°,北部局部受文王山南断层影响可达 16°左右。在此基础上发育方向比较单一的宽缓褶曲(两翼倾角一般小于 10°),沿倾向及走向伴有少量断距大于 20 m 的断层和一定数量断距小于 20 m 的断层及陷落柱。区内北部断层主要为文王山南断层及其派生的断层,走向为 NEE 向。褶皱多为一些近 EW-NEE 向的宽缓波状起伏,北部由文王山南断层引起的拖曳褶曲较为紧密。西部褶曲以 NNE-SN 向为主,贯穿全井田的褶曲自西向东依次有坪村向斜、余吾背斜、余吾向斜、苏村背斜及屯留向斜。其中,以西部的坪村向斜和东部的苏村背斜构成西部煤层起伏的基本形态。南部断层主要为二岗山北断层及其派生的断层,走向为 NEE 向,褶皱近 SN 向,被断层切断。

区内构造主要形成于燕山中晚期,东部近 EW 向断裂在燕山晚期构造应力场处于拉张体制,断裂连通地表,使得瓦斯大量逸散。至西部构造变形微弱,早期形成的近 SN 向的褶曲和逆断裂成为主要富气控气构造,瓦斯在构造部位富集,成为高瓦斯区。

煤层底板标高是影响本区 3# 煤层瓦斯含量的主要因素。文王山断层与二岗山断层区块内的屯留矿,其瓦斯含量与煤层底板标高回归方程为:

$$y = 0.035x + 24.16, R^2 = 0.75 \quad (+110 \text{ m} < x < +650 \text{ m}) \quad (2\text{-}2)$$

式中,x 为煤层底板标高,m;y 为瓦斯含量,m³/t;R^2 为相关回归系数。

由式(2-2)可得屯留矿瓦斯含量梯度为 3.52 m³/(t·100 m),瓦斯含量趋势值如下:煤层底板标高 +544 m 处的瓦斯含量趋势值是 5 m³/t;煤层底板标高 +402 m 处的瓦斯含量趋势值是 10 m³/t;煤层底板标高 +260 m 处的瓦斯含量趋势值是 15 m³/t;煤层底板标高 +118 m 处的瓦斯含量趋势值是 20 m³/t。

(3)南部(Ⅲ)区瓦斯地质规律

本区内地层总体走向近 SN-NNE 向,东高西低。在此基础上发育有近 SN 向和 NNE 向两组宽缓褶曲,沿走向及倾向伴有落差大小不一的断层。区内褶曲轴向以 NNE 向为主,但褶皱宽缓开阔,两翼地层倾角一般仅 2°～3°,局部地层倾角达 10° 以上,并伴有与褶曲近于平行或斜交的 NE 向正断层。高河井田勘探揭露,由东向西具有构造变形逐渐复杂化的趋势,NE 向正断层被 NNE 向逆断层所取代。

本区构造复杂,燕山早中期形成的近 EW 向褶曲,后期偏转为 NE 向,且带有压扭性质,尤其在深部,构造变形微弱,形成的褶曲构造受后期构造运动影响较小,煤层瓦斯富集,在构造部位瓦斯压力较大。

经中国矿业大学鉴定,李村矿 3# 煤层瓦斯压力为 0.9 MPa,煤样坚固性系数 f 为 0.893,煤样的瓦斯放散初速度 $\Delta p = 12.141$,破坏类型属于破坏的 Ⅲ 类煤;煤层顶底板影响范围内的岩性主要为泥岩、砂质泥岩、粉砂岩、细砂岩和中砂岩。根据《防治煤与瓦斯突出规定》(2019 年 9 月已废止)第四十五条,结合李村矿的具体情况,在煤巷掘进期间,决定采用顺层钻孔预抽煤巷条带煤层瓦斯的方法进行区域性防突;采用掘前预抽、边掘边抽或双巷交替抽放的措施;采用在巷道两帮布置钻场,在钻场内施工顺层钻孔进行预抽。

根据煤炭科学研究总院重庆研究所 2008 年 4 月编制的《高河矿井瓦斯抽采设计》,矿井内 3# 煤层瓦斯含量值为 6.97～18.25 m^3/t,平均为 12.75 m^3/t;初期达产采区范围内,矿井相对瓦斯涌出量为 20.73 m^3/t,绝对瓦斯涌出量为 261.75 m^3/min;矿井最大相对瓦斯涌出量为 23.30 m^3/t,绝对瓦斯涌出量为 294.21 m^3/min,煤层钻孔瓦斯流量衰减系数为 0.183 3～0.438 9 d^{-1}、透气性系数为 0.000 159 7～0.262 1 $m^2/(MPa^2 \cdot d)$,属高瓦斯矿井。

2.3 煤样基本物理化学参数

2.3.1 煤的物理化学性质

煤储层固态物质以固态有机质为主,含有数量不等的矿物质,它们共同构成了煤的固体骨架。对于煤储层的固态物质成分,可从宏观和显微予以描述。固态物质组成一方面影响煤储层储气空间发育性质,另一方面与煤的吸附/解吸性密切相关,此外很大程度上还会影响煤储层的渗透性和工程力学特征。

(1)宏观煤岩组成

煤是一种有机岩类,包括三种成因类型:① 主要来源于高等植物的腐植煤;② 主要由低等生物形成的腐泥煤;③ 介于前两者之间的腐植腐泥煤。自然界中以腐植煤为主,也是煤层气赋存的主要煤储层类型,因此下面以腐植煤为例阐述煤储层的宏观煤岩组成,包括宏观煤岩成分和宏观煤岩类型[90,175-176]。

宏观煤岩成分是以肉眼可以区分的煤的基本组成单位,宏观煤岩组成是根据肉眼所观察到的煤的光泽、颜色、硬度、脆度、断口、形态等特征区分的煤岩成分及其组合类型。根据国际煤岩学委员会(ICCP)定义,煤岩类型(成分)包括镜煤、丝炭、亮煤和暗煤,镜煤和丝炭是简单的煤岩成分,暗煤和亮煤是复杂的煤岩成分,其特征见表 2-5。

表 2-5 宏观煤岩成分及其特征[177]

宏观煤岩成分	特征				
	物理性质	成分、结构	分布特征	孔隙-裂隙特征	成因
镜煤	颜色深黑,光泽强,贝壳状断口	质地纯净,结构均一,简单宏观煤岩成分	凸透镜状或条带状,条带厚几毫米至 1～2 cm,有的呈线理状	内生裂隙发育,镜煤性脆,易碎成棱角状小块	由植物的木质纤维组织经凝胶化作用转变而成

表 2-5(续)

宏观煤岩成分	特征				
	物理性质	成分、结构	分布特征	孔隙-裂隙特征	成因
丝炭	外观像木炭,颜色灰黑,具有明显的纤维状结构和丝绢光泽	简单宏观煤岩成分,丝炭的胞腔有时被矿物质充填,称为矿物丝炭;矿物丝炭坚硬致密,密度较大	扁平透镜体沿煤层层理面分布,厚度多在 1～2 mm 至几毫米,不连续薄层;个别丝炭层厚度可达几十厘米或以上	丝炭疏松多孔,性脆易碎,能染指;丝炭的孔隙率大,吸氧性强,丝炭多的煤层易发生自燃	丝炭是植物的木质纤维组织在缺水多氧环境中缓慢氧化或由于森林火灾所形成
亮煤	光泽仅次于镜煤,一般呈黑色,较脆易碎,断面比较平坦,密度较小	亮煤的均一程度不如镜煤,表面隐约可见微细层理;亮煤是最常见的宏观煤岩成分,组分比较复杂	常呈较厚的分层,有时组成整个煤层	亮煤有时也有内生裂隙,但不如镜煤发育	在覆水的还原条件下,由植物的木质纤维组织经凝胶化作用,并掺入一些由水或风带来的其他组织和矿物杂质转变而成
暗煤	光泽暗淡,一般呈灰黑色,致密坚硬,密度大	暗煤是最常见的宏观煤岩成分,组成比较复杂;含惰质组或矿物质多的暗煤,煤质较差;富含壳质组的暗煤,则煤质较好,且密度往往较小	常呈厚、薄不等的分层,也可组成整个煤层	韧性大,不易破碎,断面比较粗糙,一般内生裂隙不发育	在活水有氧的条件下,富集了壳质组、惰质组或掺入一些由水或风带来的其他组分和矿物杂质转变而成

　　各种宏观煤岩成分的组合有一定的规律性,造成煤层中有光亮的分层,也有暗淡的分层。这些分层厚度一般为十几厘米至几十厘米,在横向上比较稳定。根据煤中光亮成分(即镜煤和亮煤在分层中的含量)和宏观煤岩成分的组合及其反映出来的平均光泽强度,可以划分为四种宏观煤岩类型,即光亮型煤、半亮型煤、半暗型煤和暗淡型煤。各类型的特征见表 2-6。

　　实际工作中,多是基于宏观煤岩类型来观测描述煤储层的宏观特性,描述内容包括:结构和构造,煤岩分层(条带)垂向组合和顺层延展情况,颜色(包括粉色或条痕色)与光泽,断口与裂隙,矿物结核与包裹体、夹矸,等等。根据观测描述结果,编制煤层煤岩柱状图。

表 2-6 宏观煤岩类型及其特征[101,178]

宏观煤岩类型	平均光泽强度	光亮成分含量/%	主要煤岩成分	结构、构造特征
光亮煤	光泽很强	≥75	镜煤,亮煤	成分比较均一,常呈均一状或不明显的线理状结构;内生裂隙发育,脆度较大,容易破碎
半亮煤	光泽强度比光亮型煤稍弱	50~75	以镜煤和亮煤为主,含有暗煤和丝炭	由于各种宏观煤岩成分交替出现,常呈条带状结构,具有棱角状或阶梯状断口
半暗煤	光泽比较暗淡	25~50	镜煤和亮煤含量较少,而暗煤和丝炭含量较多	常具有条带状、线理状或透镜状结构;半暗型煤的硬度、韧性和密度都较大,半暗型煤的质量多数较差
暗淡煤	光泽暗淡	<25	镜煤和亮煤含量很少,以暗煤为主,有时含较多的丝炭	不显层理,块状构造,呈线理状或透镜状结构,致密坚硬,韧性大,密度大;暗淡型煤的质量多数很差,但含壳质组多的暗淡型煤的质量较好,密度小

（2）显微煤岩组成

显微煤岩组成包括有机显微组分和无机显微组分——矿物质。在光学显微镜下能够识别的煤的基本有机成分,称为有机显微组分,是由植物残体转变而来的显微组分。无机显微组分指显微镜下观察到的煤中的矿物质。运用光学显微镜研究煤是最常用的方法:一种是把煤磨成薄片在投射光下进行研究,主要鉴定标志是显微组分的颜色（透光色）、形态、结构等,在低、中煤阶煤中显微组分有红、黄、棕、黑等各种颜色,易于区别,但到了中、高煤阶显微组分逐渐变得不透明,不便于研究,所以煤薄片的研究受到一定的限制;另一种是把煤块的表面磨光,然后在反射光下进行研究,显微组分的主要鉴定标志除了颜色（反光色）、形态、结构外,还有凸起。各种显微组分在反射光下呈现不同的灰色至白色。各煤阶的煤均可用光片在反射光下进行研究[101,179]。

依照国际上通行的标准,硬煤（烟煤和无烟煤）显微组分被划分为镜质组、惰质组、壳质组三组,然后根据形态、结构、成因来源等进一步细分出显微组分和显微亚组分[101,177,180]（表 2-7）。在此基础上,将显微镜下观察到的显微煤岩组分的典型组分,称为显微煤岩类型。每一种显微煤岩类型都有自己的组成特点和化学工艺性质,并反映了一定的沉积环境（煤相）。显微煤岩类型的划分原则和分类方案有很多种,但目前应用较广的是国际煤岩学委员会提出的分类方案。一般情况下,镜质组是煤中的主要显微组分,显微组分种类和含量的不同,导致煤的产气、储集、渗透性能均有差别[101,181]。煤中除了有机质以外,还有一些无机成分——矿物质,煤中的矿物杂质主要有黏土矿物、碳酸盐矿物、硫化物、氧化物、氢氧化物、盐类,还有一些重矿物和痕量元素[101,177]。

表 2-7　烟煤显微组分分类(GB/T 15588—2013)

显微组分组	代号	显微组分	代号	显微亚组分	代号
镜质组	V	结构镜质体	T	结构镜质体 1 结构镜质体 2	T1 T2
		无结构镜质体	C	均质镜质体 基质镜质体 团块镜质体 胶质镜质体	C1 C2 C3 C4
		碎屑镜质体	Vd	—	—
惰质组	I	丝质体	F	火焚丝质体 氧化丝质体	F1 F2
		半丝质体	Sf	—	—
		真菌体	Fu		
		分泌体	Se		
		粗粒体	Ma		
		微粒体	Mi		
		碎屑惰质体	Id		
壳质组	E	孢粉体	Sp	大孢子体 小孢子体	Sp1 Sp2
		角质体	Cu	—	—
		树脂体	Re		
		木栓质体	Sub		
		树皮体	Ba		
		沥青质体	Bt		
		渗出沥青体	Ex		
		荧光体	Fl		
		藻类体	Alg	结构藻类体 层状藻类体	Alg1 Alg2
		碎屑壳质体	Ed	—	—

（3）煤化程度指标

煤化程度指标简称煤化指标，又称煤阶指标。由于煤化作用是一个复杂过程，不同煤化阶段中各种指标变化的显著性各不相同。因此，对于一定煤化阶段往往具有不同的煤化指标，如水分、发热量、氢含量、碳含量、挥发分、镜质组反射率、壳质组荧光性和 X 射线衍射曲线等[180]。随着煤化程度的提高，这些煤阶指标有规律地变化（表 2-8）。

表 2-8　常用煤阶指标在不同煤阶的变化[101]

煤阶指标（镜煤样）	测值变化范围①			
	褐煤	低煤阶烟煤	高煤阶烟煤	无烟煤
水分 $M_{ad}/\%$	28～5	＜5～11②	1±	1～2②
挥发分 $V_{daf}/\%$	63～46	＜46～24	＜24～10	＜10～2②
碳含量 $C_{daf}/\%$	60～75	＞75～87②	＞87～91②	＞91～96②
氢含量 $H_{daf}/\%$	7～6②	＜6～5.6②	＜5.5～4②	＜4～1
发热量 $Q_{daf,gt}/(MJ/kg)$	16.7～29.3	＞29.3～36.17	≥36.17	≤36.17
折射率 N_{max}	1.680～1.732	＞1.732～1.859	＞1.859～1.940	＞1.940～2.058
吸收率 K_{max}	0.010～0.027	＞0.027～0.077	＞0.077～0.130	＞0.130～0.351
反射率 $R^{o}_{max}/\%$②	0.28～0.50	＞0.50～1.50	＞1.50～2.50	＞2.50～6.09
$R^{a}_{max}/\%$③	6.40～7.20	＞7.20～9.40	＞9.40～11.50	＞11.50～16.55
双反射率 $(R^{o}_{max}～R^{a}_{max})/\%$	0	0	0～0.5	＞0.5～5
X 射线衍射面网间距 $(d_{002}0.1nm)$④	4.190 7～4.040 1②	4.040 1～3.534 1②	3.534 1～3.476 0②	3.476 0～3.426 9②

注：① 表示各指标测值的变化范围是按煤阶增加的方向排列；② R^{o}_{max} 代表用油浸物镜测定镜质组油浸中的最大反射率；③ R^{a}_{max} 代表用干物镜测定镜质组空气中的最大反射率；④ 表示规律性差。

在煤层气地质研究中，煤的挥发分产率和镜质组反射率是最常用的两个煤阶指标，其中又以反射率应用效果最好。镜质组反射率作为衡量煤化程度的最好标志，能直接地反映煤系物质的生烃过程。我国各煤种煤的镜质组最大反射率变化范围见表 2-9。

表 2-9　我国各煤种煤的镜质组最大反射率变化范围

煤阶	褐煤	长焰煤	气煤	肥煤	焦煤
$R^{o}_{max}/\%$	<0.50	0.50~0.65	0.65~0.90	0.90~1.20	1.20~1.70

| 煤阶 | 瘦煤 | 贫煤 | 无烟煤 | | |
			三号	二号	一号
$R^{o}_{max}/\%$	1.70~1.90	1.90~2.50	2.50~4.0	4.0~6.0	≥6.0

煤的镜质组反射率是指煤抛光表面在垂直反射时,反射光强度和入射光强度的百分比,一般用 R_o 表示:

$$R_o = \frac{\gamma}{I} \times 100\%$$

式中,γ 为反射光强度;I 为入射光强度。

煤的化学组成大致可分为有机质和无机质两大类,以有机质为主体。煤中的有机质主要由碳、氢、氧、氮、硫等元素组成,是复杂的高分子化合物,是煤的主要组成部分。不同的煤,各种元素的含量和化学结构是不同的,造成了煤在物理性质和化学性质上的差异性,并使煤在加工利用和煤层气储层改造过程中表现出不同的工艺性质和工程力学特性等。煤中无机质包括水分和矿物质,它降低了煤的质量和利用价值,并影响煤储层的含气性,在煤的加工利用和煤层开发过程中产生一定的影响。煤的工业分析也叫技术分析或实用分析,包括煤中水分、灰分和挥发分的测定及固定碳的计算,是了解煤化学性质的一种基本分析。水分和灰分除说明煤中无机质部分以外,还可以由此近似地求出有机质的含量。挥发分和固定碳可初步表明煤中有机质的性质。研究煤及煤层气储层评价时,一般先进行煤的工业分析,以大致了解煤的基本化学性质,初步判断煤的种类、各种煤的加工利用效果及其工业用途,以便进一步深入研究。

① 水分

水分是一项重要的煤质指标。根据水在煤中的存在状态不同可分为:外在水分、内在水分以及与煤中矿物质结合的结晶水和化合水。

外在水分是指附着在煤颗粒表面、煤粒缝隙及非毛细孔空穴中的水分。将煤放在空气中风干时,外在水分即不断蒸发,直到与空气中的相对湿度达到平衡为止,此时失去的水分就称为外在水分。

内在水分是指吸附或凝聚在煤颗粒内部的毛细孔中的水,或称空气干燥煤样水分(M_{ad})。由于毛细孔吸附力的作用,内在水分比外在水分较难蒸发,温度达 100 ℃以上时,才能把煤中的内在水分完全蒸发出来。煤在 100% 相对湿度下达到吸湿平衡时除外在水分以外的水分,称为最高内在水分,大致相当于煤中孔隙饱和状态时的内在水分。煤中内在水分随着煤化程度的加深而呈有规律的变化,从泥炭→褐煤→烟煤→年轻无烟煤,水分逐渐减少,而从年轻无烟煤→年老无烟煤水分又增加(表 2-10)。因此,可以由煤中的内在水分含量来推断煤的变质程度[101,181]。

表 2-10　煤中内在水分含量与煤的变质程度的关系[101]

煤种	内在水分/%	煤种	内在水分/%	煤种	内在水分/%	煤种	内在水分/%
泥炭	5～25	气煤	1～5	瘦煤	0.5～2.0	年老无烟煤	2～9.5
褐煤	5～25	肥煤	0.3～3	贫煤	0.5～2.5		
长焰煤	3～12	焦煤	0.5～1.5	无烟煤	0.7～3		

　　结晶水和化合水是指煤中矿物质里以分子形式或离子形式参加矿物晶格构造的水分,其特点是具有严格的分子比,高温下才能脱除。

　　煤层气研究中常引入平衡水分含量或临界水分含量这一概念,其值略低于最高内在水分。平衡水分含量的确定方法为:将样品称重(约 100 g,精确到 0.2 mg),把预湿煤样或自然煤样放入装有过饱和 K_2SO_4 溶液的恒温箱中,该溶液可以使相对湿度保持在 96%～97%;48 h 后煤样即被全部湿润,间隔一定时间称重一次,直到恒重为止。平衡水分含量相当于工业分析中孔隙干燥基水分与煤样水平衡时吸附水分含量之和。煤的外在水分和内在水分之和为煤的全水分。根据煤的全水分可将煤中水分分为 6 级(表 2-11)。

表 2-11　煤的全水分分级表

级别名称	代号	分级范围 M_t/%
特低全水分煤	SLM	≤6.0
低全水分煤	LM	>6.0～8.0
中等全水分煤	MLM	>8.0～12.0
中高全水分煤	MHM	>12.0～20.0
高全水分煤	HM	>20.0～40.0
特高全水分煤	SHM	>40.0

② 灰分

煤中灰分是煤层气资源评价和开发的重要参数。煤的矿物质是赋存于煤中的无机物质。煤的灰分是指煤完全燃烧后剩下的残渣,这些残渣几乎全部来自煤中的矿物质。煤的灰分不是煤中的固有成分,而是煤在规定条件下完全燃烧后的残留物。它在组成和质量上都不同于矿物质,但煤的灰分产率与矿物质含量间有一定的相关关系,可以用灰分来估算煤中的矿物质含量。

煤中灰分的测定:将 1 g 分析煤样在(800±20) ℃条件下完全燃烧,剩下的残渣质量即为该试样的灰分。根据煤中灰分的含量,我国通常把煤的灰分分为 5 级(表 2-12)。

表 2-12　煤的灰分分级表

级别	特低灰分煤	低灰煤	中灰煤	富灰煤	高灰煤
A_d/%	≤10	10~15	15~25	25~40	>40

煤中灰分和含量变化很大,但也有规律可循。在同一煤层煤灰成分和含量变化较小,而不同时代、不同成煤环境形成的煤层煤灰成分和含量变化往往较大。为此,在煤田地质勘探中可用灰分作为煤层对比的参考依据之一。灰分测定结果是以空气干燥煤样为基准的,即煤样包含了内在水分的质量。为排除水分对灰分测值的影响,把以空气干燥煤样为基准(A_{ad},%)换算为以干燥煤样为基准(A_d,%),这样才能正确表达煤的灰分产率。换算公式如下:

$$A_d = A_{ad} \cdot \frac{100}{100 - M_{ad}}$$

在煤层气勘探开发中,煤的灰分与煤储层特征及其开发工程力学特性有不同程度的依赖关系,因此可以通过灰分来研究这些特性。

③ 挥发分

煤样在规定的条件下,隔绝空气加热,并进行水分校正后的挥发物质产率即为挥发分。煤的挥发分主要是由水分、碳氢的氧化物和碳氢化合物(以 CH_4 为主)组成,但煤中物理吸附水(包括外在水和内在水)和矿物质二氧化碳不属挥发分之列。

煤的工业分析中测定的挥发分不是煤中原来固有的挥发性物质,而是煤在严格规定条件下加热时的热分解产物,改变任何实验条件都会给测定结果带来不同程度的影响,因此我国规定用在 900 ℃的温度下加热 7 min 的实验方法来测定。

煤的挥发分,即煤在一定温度下隔绝空气加热,逸出物质(气体或液体)中减掉水分后的含量。剩下的残渣叫作焦渣。因为挥发分不是煤中固有的,而是在特定温度下热解的产物,所以确切地说应称为挥发分产率。这些产物不是煤的固有组分,而是煤在一定条件下发生化学反应的结果。煤中水分和矿物质的含量是变化的,而煤中挥发分只与有机质的性质有关,为了消除水分和矿物质对挥发分的影响,必须把以空气干燥煤样为基准(V_{ad},%)换算为以干燥无灰为基准(V_{daf},%),才能反映有机质的特性。换算公式如下:

$$V_{daf} = V_{ad} \cdot \frac{100}{100 - M_{ad} - A_{ad}}$$

挥发分大小与煤的变质程度有关,煤炭变质程度越高,挥发分产率就越低。因此,煤的挥发分产率是反映煤化作用的一种有效指标。

④ 固定碳

测定煤的挥发分时,剩下的不挥发物称为焦渣。焦渣减去灰分称为固定碳。固定碳就是煤在隔绝空气的高温加热条件下,煤中有机质分解的残余物。固定碳是煤炭分类、燃烧和焦化中的一项重要指标。不同煤种,固定碳含量不同,随着煤化程度的增高,煤中固定碳的含量也增高(表 2-13)。

表 2-13 不同煤种煤的固定碳含量[101]

煤种	FC_{ad}/%	煤种	FC_{ad}/%
褐煤	≤60	无烟煤	>90
烟煤	50~90		

在煤或焦炭中固定碳的含量用质量分数表示,即由煤样的质量减去水分、挥发分和灰分的质量,或由煤样的质量减去挥发分和灰分的质量而得,其计算公式为:

$$FC_{ad} = 100 - (M_{ad} + A_{ad} + V_{ad})$$

煤的固定碳与挥发分一样,也是表征煤变质程度的一个参数,固定碳的含量是煤的分类和评价煤阶焦炭质量的指标之一。

此外,煤的元素分析主要是指利用元素分析配合其他工艺性质实验来了解煤中有机质的组成和性质。煤中有机质主要由碳、氢、氧、氮、硫等五种元素组成。其中,又以碳、氢、氧为主,其总和占有机质总量的95%以上。有机质的元素组成与煤的成因类型、煤岩组成及煤化程度等因素有关,所以它是煤质研究的重要内容。元素组成可以用来计算煤的发热量,估算和预测煤的炼焦化学产品、低温干馏产物的产率,为煤的加工工艺设计提供了必要的数据。煤的元素组成数据也可以作为煤炭科学分类指标之一[177,180]。

（4）煤的密度

煤的密度（天然密度）是单位体积煤的质量：

$$\rho = \frac{m}{V} = \frac{m_s + m_w}{V_s + V_v}$$

式中,m 为煤的质量,g;V 为煤的体积,cm³;m_s 为煤基质的质量,g;m_w 为煤中水的质量,g;V_s 为煤基质体积,cm³;V_v 为煤中孔隙-裂隙体积,cm³。

根据测定方法不同,密度可分为真密度和视密度两种表示方法。测定真密度时体积不包括煤的内部毛细孔和裂隙体积;而测定视密度时,体积包括煤的内部毛细孔和裂隙体积。所以煤的视密度比真密度小。实际工作中,视密度应用广泛,如计算煤和煤层气资源量及地质储量时就必须用视密度这一指标。褐煤的视密度一般在 1.05～1.20 g/cm³,烟煤的视密度在 1.20～1.40 g/cm³,无烟煤的视密度在1.30～1.80 g/cm³。测定真密度时,必须使用一定的介质,如氦、水、甲醇、苯等,使其充满煤的孔隙。由于氦的原子很小（直径 0.174 nm）,能很好地渗入煤的内部孔隙,故应用氦作为介质测定的真密度最接近真实值。据测定,褐煤的真密度为1.36 g/cm³,低煤阶烟煤的真密度为 1.33 g/cm³,中煤阶烟煤的真密度为 1.28 g/cm³,高煤阶烟煤的真密度为 1.33 g/cm³,无烟煤的真密度为 1.40～1.90 g/cm³。低煤阶煤的真密度较高,与氧含量高有关;无烟煤真密度大,则与氢含量低、碳含量高有关;中煤阶烟煤的氧含量低、氢含量高,则真密度较小[101]。煤的密度与煤岩组成、煤阶、煤中矿物质的含量和性质有关。相同煤阶的煤中,惰质组的密度最大,次之为镜质组,最小为壳质组。随着煤阶的增高,各种煤岩组分的密度差异逐渐缩小,至无烟煤趋于一致。煤中矿物质的密度比有机质大得多,如黄铁矿的密度为 5.0 g/cm³,菱铁矿的密度为 3.8 g/cm³,黏土矿物的密度为 2.4～2.6 g/cm³,石英和方解石的密度为 2.65 g/cm³,因此,煤的密度随着煤中矿物质含量的增高而增高[178]。

（5）煤的孔隙率

煤中孔隙-裂隙体积与煤的总体积之比称为煤的孔隙率,表达式为：

$$n = \frac{V_v}{V} \times 100\%$$

式中,V_v 为煤中孔隙-裂隙体积,cm³;V 为煤的总体积,cm³。

煤储层为孔隙-裂隙双重孔隙介质,煤层孔隙率分为基质孔隙率和裂隙孔隙率,两者之和为总孔隙率。大量的实验结果表明,双重孔隙介质的裂隙孔隙率明显要小于基质孔隙率。

通常可根据煤的真密度和视密度来计算孔隙率,即:

$$\varphi = \frac{\text{TRD} - \text{ARD}}{\text{TRD}} \times 100\%$$

式中,φ 为孔隙率,%;TRD 为真密度,g/cm³;ARD 为视密度,g/cm³。

因为氦分子能充满煤的全部孔隙,而水银在不加压条件下完全不能进入煤的孔隙,故用下式可求出煤的孔隙率:

$$孔隙率 = (d_{氦} - d_{汞}) \times 100\% / d_{氦}$$

式中,$d_{氦}$、$d_{汞}$ 为氦和汞测定煤的密度,g/cm³。

煤的孔隙率受控于煤阶和煤的物质组成,孔隙特征是影响煤层储气能力、煤层气在煤中的赋存状态和运移能力等的重要物性因素。

煤的孔隙率的大小与煤阶有关[101](表 2-14)。褐煤的孔隙率高,为 12%～25%;而低、中煤阶烟煤的孔隙率较低,为 2%～5%。高煤阶烟煤以后,由于分子排列规则化,孔隙率又有所升高,为 5%～10%。煤的孔隙率与显微煤岩组分和煤中矿物质含量有关,相同煤阶的煤,孔隙率可能有相当大的波动范围。

表 2-14　孔隙率与煤化程度的关系[101]

R°_{max}/%	0.15	0.37	0.45	0.57	0.63	0.70	0.85	1.09	1.12	1.36	1.85	1.91	2.69
孔隙率/%	24.72	16.84	12.91	9.18	7.78	7.50	6.94	6.36	6.10	6.18	6.24	6.40	6.20

2.3.2　主要基础参数测试

煤样的基本参数测试主要包括反射率与显微组分测试、元素分析与工业分析测试以及视密度、真密度、孔隙率测试等。测试结果分别见表 2-15、表 2-16 和表 2-17。

表 2-15　煤样的反射率与显微组分测试结果

煤样编号	产地	层位(煤层)	R°_{max}/%	显微组分/%			
				镜质组	壳质组	惰质组	矿物
1#	屯留矿	$P_{1s}(3^\#)$	2.12	89	1	7	3
2#	屯留矿	$P_{1s}(3^\#)$	2.12	89	微量	8	3
3#	五阳矿	$P_{1s}(3^\#)$	2.10	89	2	7	2
4#	五阳矿	$P_{1s}(3^\#)$	2.10	89	1	8	2

表 2-16　煤样的工业分析与元素分析测试结果

煤样编号	工业分析				元素分析				
	$M_{ad}/\%$	$A_{ad}/\%$	$V_{daf}/\%$	$FC_{ad}/\%$	$C_{daf}/\%$	$H_{daf}/\%$	$O_{daf}/\%$	$N_{daf}/\%$	$S_{t,d}/\%$
1#	1.23	16.39	12.95	69.43	91.63	4.05	2.54	1.44	0.29
2#	1.22	16.37	12.96	69.63	91.73	4.05	2.34	1.59	0.34
3#	1.23	16.36	13.05	69.33	91.64	4.03	2.44	1.42	0.29
4#	1.23	16.37	12.75	69.65	91.65	4.04	2.55	1.42	0.28

表 2-17　煤样的真密度、视密度及孔隙率测试结果

煤样编号	TRD/(g/m³)	ARD/(g/m³)	孔隙率 $K/\%$
1#	1.51	1.41	6.62
2#	1.50	1.40	6.67
3#	1.50	1.39	7.33
4#	1.50	1.39	7.33

注: $K=(TRD-ARD)/TRD\times100\%$。

第3章 研究区煤层 CH₄ 赋存地质条件

煤层的温度、储层压力和地应力是影响煤层甲烷扩散性能的关键因素[155,166,182]，为了进行甲烷扩散系数测试实验，模拟实际地层条件下煤层的扩散性，合理确定实验所需的煤层温度、储层压力和地应力是非常关键的。煤层温度、压力通常通过测井获得，通过以往研究区煤田或煤层气勘探资料分析，可以较为准确地确定在埋深 600～1 500 m 煤层的实际温度、储层压力和地应力。

3.1 煤层温度变化特征

地球本身蕴藏的热量巨大，并由地球内部向外不断地发散。根据温度状况，地壳上部的温度带一般分为变温带、恒温带和增温带[183]。

变温带（或外热带）是指受太阳辐射影响的地表附近地带。变温带的温度随着气温的变化而变化。不同季节和时间，变温带受气温影响的程度不同。恒温带（或常温带）是指近地表温度常年不变的地带。恒温带位于变温带以下、增温带以上。研究表明，恒温带的温度与当地地面的多年平均气温大致相当。通常情况下，变温带和恒温带距地表数十米。

增温带（或内热带）是地温随深度的增加而增高的地带，主要受地球内热的影响。一般情况，在增温带内地温随深度的增加而增高，通常用地温梯度来表示，是指在增温带内，深度每增加 100 m 地温所升高的度数，单位为℃/100 m。研究表明，地壳上部的平均正常地温梯度为 3 ℃/100 m。通常情况下，煤层温度随着煤层埋藏深度的增加相应增高。研究表明，受矿区所处大地构造位置、矿区基底起伏与褶皱构造、岩石的导热性、矿区邻近深大断裂、地下水活动方式和局部热源影响等因素的影响，会出现地温异常现象。这些通常是引起煤田地温异常的主要因素[184]。

本次研究在沁水盆地煤田地质勘探积累的井温数据和相关文献中，收集和选取了 20 口井的资料，进行了大地热流计算和现代地温场特征分析。

本项研究收集和选取的 20 口井的井温数据如图 3-1 所示。静井时间为 72 h～1 年,均为传导型井温曲线,温度和深度之间呈现出很好的线性关系。对于图 3-1 中的系统测温资料,地温梯度的计算采用最小二乘法求得。本区地温梯度数据(表 3-1)显示,沁水盆地地温梯度介于 2.09～4.76 ℃/100 m 之间,平均地温梯度 2.82 ℃/100 m。根据表 3-1 中的数据可得本区地温梯度分布图(图 3-1)。从图 3-1 中可见,本区的地温梯度总体上呈现南北高、中间低的趋势[185]。

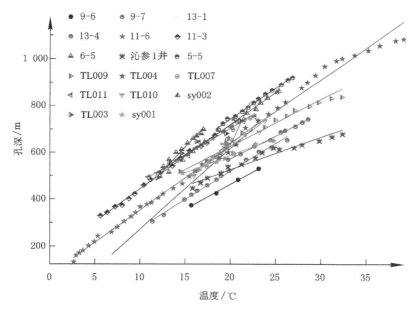

图 3-1　研究区部分孔测温曲线图

表 3-1　研究区实测大地地温梯度数据表

编号	坐标		井号	地温梯度 /(℃/km)	热传导 /[W/(m·K)]	热度 /(mW/m²)
	东经	北纬				
1	112°37′58″	35°37′21″	TL011	29.5	2.11	62.0
2	112°33′40″	35°39′55″	TL007	32.8	2.11	69.1
3	112°38′10″	35°46′42″	TL004	34.7	2.11	73.1
4	112°40′52″	35°50′15″	TL003	35.5	2.11	74.7
5	112°42′27″	35°54′43″	TL009	44.2	2.11	93.1

表 3-1(续)

编号	坐标		井号	地温梯度 /(℃/km)	热传导 /[W/(m·K)]	热度 /(mW/m²)
	东经	北纬				
6	112°14′01″	36°01′58″	TL101	21.7	3.17	68.8
7	112°17′55″	36°02′05″	山西安泽	23.2	2.79	64.7
8	112°33′00″	36°34′38″	沁参1井	24.0	2.03	48.7
9	112°20′08″	36°40′07″	山西沁源	20.5	3.26	66.8
10	112°13′00″	36°49′30″	阳泉西上庄钻孔	21.3	2.14	45.5
11	113°04′36″	37°18′6″	sy001	26.1	2.14	55.8
12	113°14′49″	37°50′36″	9-6	26.0	2.06	52.9
13	113°11′46″	37°51′56″	13-4	22.3	2.12	47.2
14	113°05′41″	37°52′36″	sy002	47.6	2.14	101.8
15	113°17′54″	37°53′47″	5-5	20.9	2.17	45.4
16	113°13′35″	37°54′45″	11-3	27.5	2.12	58.4
17	113°16′41″	37°55′18″	6-5	27.8	2.24	62.2
18	113°13′31″	37°55′48″	11-6	31.2	2.06	64.1
19	113°11′22″	37°55′55″	13-1	25.4	2.14	54.5
20	113°14′30″	37°56′16″	9-7	20.9	2.14	44.8

根据地温梯度的处理结果,并假定地温在各深度上呈线性变化,各井在任意深度上的温度可由推算得出:

$$T = G(H - H_{恒}) + T_{恒} \tag{3-1}$$

式中,G 为地温梯度;$H_{恒}$ 为恒温带深度;$T_{恒}$ 为恒温带温度。

恒温带的温度和深度是沉积层地温梯度和深部温度计算的起点。一般来说,恒温带的温度大致相当于当地的年平均气温。据沁水盆地由南到北各县平均气温的统计分析,本区恒温带的温度定为 11 ℃,恒温带深度定为 20 m,采用平均现代地温梯度 2.82 ℃/100 m,使用线性回归方法,得出埋深在 600～1 500 m 范围内的煤储层温度,见表 3-2。

表 3-2 潞安矿区不同埋深下的煤储层温度推测值

埋深/m	600	700	800	900	1 000	1 100	1 200	1 300	1 400	1 500
温度/℃	30.07	32.89	35.71	38.53	41.35	44.17	46.99	49.81	52.63	55.45

3.2 煤层储层压力变化特征

煤储层压力是指作用于煤孔隙-裂隙空间上的流体压力(包括水压和气压),故又称为孔隙流体压力,相当于常规油气储层中的地层压力。煤储层流体受到三个方面力的作用[179],包括上覆岩层静压力、静水柱压力和构造应力。当煤储层渗透性较好并与地下水连通时,孔隙流体所承受的压力为连通孔隙中的静水柱压力,即储层压力等于静水压力。若煤储层被不渗透地层所包围,由于储层流体被封闭而不能自由流动,储层孔隙流体压力与上覆岩层压力保持平衡,这时储层压力便等于上覆岩层压力。在煤储层渗透性很差且地下水连通性不好的条件下,由于岩性不均而形成局部半封闭状态,则上覆岩层压力即由储层内孔隙流体和煤基质块共同承担,即:

$$\sigma_v = p + \sigma$$

式中,σ_v 为上覆岩层压力,MPa;p 为煤储层压力,MPa;σ 为煤储层骨架应力,MPa。

此时,煤储层压力将小于上覆岩层压力而大于静水压力。

煤储层压力是钻井和生产的一个重要参数,一般通过注入压降试井获取,对于没有测试资料的地区,可采用煤田地质勘探阶段抽水实验测定的地下水水位估算。煤储层压力与煤层含气性密切相关,它不但决定了煤层气的赋存状态,还直接影响采气过程中排水降压的难易程度。因此,煤储层压力的研究对于煤层含气性和煤层气开发地质条件评价具有理论和实际意义。

在实践中,为了对比不同地区或不同储层的压力特征,通常根据储层压力与静水柱压力之间的相对关系确定储层的压力状态。正常储层压力状态下,储层中某一深度的地层压力等于从地表到该深度的静水压力。储层压力与其相应深度的静水压力不符时称地层压力异常。如果储层压力超过了静水压力,则属于异常高地层压力(或称超压、高压);低于静水压力,则称为异常低地层压力(或称欠压)。在描述地层压力状态时,通常采用储层压力梯度和压力系数两个参数。

储层压力梯度:指单位垂深内的储层压力增量,常用井底压力除以从地表到测试井段中点的深度而得出,用 kPa/m 或 MPa/100 m 表示,在煤储层研究中应用广泛。储层压力梯度在自由状态、淡水条件下的静水压力梯度为 9.79 kPa/m;饱和盐水条件下的静水压力梯度为 11.90 kPa/m,此时储层压力状态为正常。若大于静水压力梯度,则称为高压或超压异常状态;若小于静水压力梯度,则称为低压异常状态。

压力系数:实测地层压力和同深度静水压力的比值,石油天然气地质界常用该参数表示储层压力的性质和大小。当压力系数在 0.9～1.1(9.79～11.0 kPa/m)范围时,储层压力处于正常状态;压力系数超过这一范围时,则为异常高储层压力,即异常高压(简称为高压)或异常超高压(简称超高压);低于此范围时,即储层压力低于静水压力,为异常低储层压力。

根据煤储层压力梯度将储层压力状态划分为四类:欠压(≤9.3 kPa/m)、正常(9.30～10.30 kPa/m)、高压(10.30～14.70 kPa/m)、超压或超高压(≥14.70 kPa/m)[186-187]。

煤储层试井成果表明:我国煤储层压力梯度最低为 0.224 MPa/100 m,最高达 1.728 MPa/100 m,处于欠压状态的煤储层占 45.3%,处于正常压力状态的占 21.9%,处于高压异常状态的占 32.8%[188]。上述情况表明:我国以欠压煤储层为主,分布普遍,但也存在高压煤储层。如焦作恩村井田二₁煤层、韩城的 5# 煤层和 11# 煤层等区为高压煤储层(表 3-3);淮南、鄂尔多斯离柳、沁水盆地南部晋城和郑庄等地区所测试的煤层几乎均为正常压力状态;而阜新、开滦、安阳-鹤壁、焦作、淮北、阳泉-寿阳、丰城等地区所测试的煤层全部或大部分为欠压煤储层。同一盆地不同位置煤储层压力也存在明显差异性,如沁水盆地通过注入压降试井获得的煤储层压力参数统计可知,沁水盆地北部的寿阳、阳泉、和顺地区和中部潞安地区煤储层压力偏低,平均压力梯度在 0.62～0.69 MPa/100 m,比正常的静水压力梯度(1 MPa/100 m)偏低。而沁水盆地南部,如晋城和郑庄地区煤储层压力较高,平均压力梯度分别为 0.94 MPa/100 m 和 0.96 MPa/100 m,与正常的静水压力梯度基本相当,局部可能存在高于正常静水压力梯度的较高压力分布区(表 3-3)。

表 3-3   国内部分地区煤储层压力统计表[101]

地点	储层压力梯度/(MPa/100 m)		
	最大	最小	平均
焦作恩村井田	1.095	—	1.095
渭北韩城	1.19	1.16	1.15
鹤壁 CQ-8 井	—	—	0.54
安阳	0.58	0.46	0.52
鄂尔多斯离柳	1.12	1.00	1.06

表 3-3(续)

地点		储层压力梯度/(MPa/100 m)		
		最大	最小	平均
唐山开滦矿区		0.58	0.46	0.52
鹤岗		0.94	0.69	0.86
两淮	淮北	0.78	0.61	0.68
	淮南	1.26	0.57	1.03
沁水盆地	寿阳	0.94	0.44	0.69
	阳泉	0.95	0.52	0.65
	和顺	0.92	0.44	0.62
	潞安	0.75	0.43	0.62
	晋城	1.20	0.50	0.94
	郑庄	1.18	0.84	0.96

　　煤储层有效压力系统决定了煤层气产出的能量大小及有效驱动能量的持续作用时间。储层压力越高,临界解吸压力越大、有效应力越小,煤层气的"解吸-扩散-渗流"过程进行得就越彻底,表现为采收率增大、气井产能增大。有效压力系统由静水压力、地应力和气体压力组成。对不饱和储层来说,气体本身没有压力,因此煤储层有效压力系统主要由储层压力和地应力组成。有效地应力为地应力与储层压力之差,有效地应力与煤储层渗透率成反比。有效地应力越高,煤层渗透率越低、储层压力传导能力越差,直接导致煤层气井产能降低。

　　原始储层压力通常是指储层中部压力,一般通过试井可以测试出来。试井是通过钻孔向储层内注入或抽吸一定量流体,使储层发生压力瞬变,同时记录压力随时间的变化,利用渗流理论计算各种储层参数。最常用的方法为注入-压降试井法。

　　研究区煤层气试井资料表明:在埋深 400～800 m 范围内,研究区井田 3# 煤层试井储层压力介于 1.34～5.72 MPa 之间,储层压力梯度(储层压力/埋深)介于 0.28～0.82 MPa/100 m 之间[169]。采用平均最高储层压力梯度 0.73 MPa/100 m,采用线性回归方法,得出埋深在 600～1 500 m 范围内的煤储层压力,见表 3-4。

　　储层压力总体上与埋深呈正相关关系,煤层埋深增加,储层压力、压力系数随之增高。储层压力均低于正常储层压力,属于欠压或严重欠压储层。

表 3-4 潞安矿区不同埋深下的煤储层压力推测值

埋深/m	600	700	800	900	1 000	1 100	1 200	1 300	1 400	1 500
压力/MPa	4.92	5.74	6.56	7.38	8.2	9.02	9.84	10.66	11.48	12.3

3.3 煤层地应力变化特征

原始地应力是指在地壳中的未受工程扰动和影响的天然应力。各种地质构造现象、矿井动力现象都与应力作用密切相关[189]。高地应力矿井瓦斯突出更为严重,世界上几乎所有大型突出都与异常地应力场相关。煤与瓦斯突出地质控制机理研究认为,构造煤和高压瓦斯是发生突出的物质基础,构造作用特别是地应力是发生突出的动力基础。煤层的地应力是控制煤层扩散性能的关键因素,研究区地应力的测试研究对煤层扩散性能和开采地质条件的评价十分重要[190-192]。为了在实验室进行扩散系数测试实验,模拟实际地层条件下煤层扩散性,合理确定实际煤层地应力是非常关键的。

3.3.1 地应力构成

地应力是在不断的应力效应作用下产生和保存的,在一定时间和一定地区内地壳中的应力状态是各种起源的应力效应作用下的结果。因此,岩体应力状态不仅是一个空间位置的函数,而且是随时间推移而变化的。地应力在岩体空间有规律的分布状态称为地应力场[193-194]。

近 30 年来实测与理论分析证明,原岩应力场是一个相对稳定的非稳定应力场。原岩应力状态是岩体工程空间与时间的函数。但除少数构造活动带外,时间上的变化可以不予考虑。原岩应力主要是由于岩体的自重和地质构造作用引起,它与岩体特性、裂隙方向和分布密度、岩体的流变性以及断层、褶皱等构造形迹有关。此外,影响原岩应力状态的因素还有地形、地震力、水压力、热应力等。不过这些因素所产生的应力大多是次要的,只有在特定情况下才予以考虑。对岩体工程来讲,主要应考虑重力应力和构造应力,因此,原岩应力可以认为是重力应力和构造应力叠加而成的[195-198]。

(1)重力应力:一般称为大地静应力,指由上覆岩层的重力所产生的应力(垂向应力),或指上覆岩层的重力所引起的水平应力分量。

垂向应力可由海姆公式得出,即:

$$\sigma_v = \sum_{i=1}^{n} r_i h_i = \bar{r} H \tag{3-2}$$

式中,σ_v 为垂直应力,MPa;r_i 为某分层岩石密度,g/cm²;h_i 为某分层厚度,m;H 为上覆地层厚度,m;$\bar{r}$ 为岩层平均密度,g/cm²。

重力应力在水平方向产生的应力分量可由金尼克公式得出,即:

$$\sigma_{hv} = \lambda(\sigma_v - \alpha p) \approx \frac{1}{1-\nu}(\sigma_v - \alpha p) \qquad (3\text{-}3)$$

式中,σ_{hv} 为垂直应力在水平方向产生的分应力,MPa;λ 为侧压系数;α 为毕奥特系数;p 为孔隙压力,MPa;ν 为泊松比。

（2）孔隙压力和有效压力:在煤储层中的地应力,一部分由储层孔隙、裂隙中的流体承受,称为孔隙压力;一部分由煤基质块承受,称为有效应力。

（3）热应力:指由于地层温度发生变化在其内部引起的内应力增量,热应力主要与温度的变化和煤岩体的热力学性质有关。

（4）残余应力:指除去外力作用之后,尚残存在地层岩石中的应力。这种残余应力在煤储层中很小,所以常忽略不计。

（5）构造应力:在构造地质学研究中,构造应力是导致构造运动、产生构造变形、形成各种构造行迹的那部分应力。这种构造应力的影响使两个水平方向的应力不等。在煤储层应力场研究中,构造应力常指由于构造运动引起的地应力增量。

一个方向的水平构造应力在另一个水平方向的分应力为:

$$\sigma_{hh1} = \sigma_{hmin}\nu \qquad (3\text{-}4)$$

$$\sigma_{hh2} = \sigma_{Hmax}\nu \qquad (3\text{-}5)$$

式中,σ_{hh1} 为最小水平构造应力（σ_{hmin}）在最大水平应力方向产生的分应力,MPa;σ_{hh2} 为最大水平构造应力（σ_{Hmax}）在最小水平应力方向产生的分应力,MPa;ν 为泊松比。

因此,最大、最小水平应力为:

$$\sigma_H = \sigma_{hv} + \sigma_{Hmax} + \sigma_{hh1} \qquad (3\text{-}6)$$

$$\sigma_h = \sigma_{hv} + \sigma_{hmin} + \sigma_{hh2} \qquad (3\text{-}7)$$

3.3.2　地应力测量理论方法

从原理上,目前地应力测量方法可分为直接测量和间接测量两大类。直接测量是指通过测量岩石的破裂压力直接确定应力,水压致裂就是一种较为常用的直接测量方法。间接测量是指通过测量岩石的变形和物性变化,如依据岩石受力时的变形特征、电阻率变化、弹性波速变化、声发射特性和矿物颗粒的显微构造变化间接确定介质的受力状态,应力解除法就是一种较为常用的间接测量方法。潞安矿区收集资料中大多是采用水压致裂的测量方法获得的[199-201]。

水压致裂是最常用的测量地壳地应力状态的一种有效方法,这种方法的测试原理基于三个基本假设:① 地壳岩石具有线性均匀性、各向同性的弹性体;② 岩石视为多孔介质,孔隙内流体流动符合达西定律;③ 主应力方向中,有一个主应力方向与钻孔的轴向平行。当向封闭的钻孔内注入高压水时,压力达到最大值 p_b 后,钻孔井壁会发生破裂,从而导致井内压力下降,为了维持裂隙保持张开状态,孔内压力最终会达到恒定值,不再注入后,孔内压力迅速下降,裂隙发生愈合,之后压力降低速度变慢,其临界值为瞬时关闭压力 p_s,完全卸压后再重新注入液体,得到裂隙的重张压力 p_y 及瞬时关闭压力 p_s,最后通过仪器记录裂缝的方向。因此,水压致裂的力学模型可简化为一个平面问题,即相当于两个垂直水平应力 σ_1 和 σ_2 作用在一个中部半径为 a 的圆孔的无限大平面上(图 3-2),根据弹性力学知识可知,孔壁夹角为 90°时的 A、B 两点的应力集中分别为[189-190]:

$$\sigma_A = 3\sigma_2 - \sigma_1 \tag{3-8}$$

$$\sigma_B = 3\sigma_1 - \sigma_2 \tag{3-9}$$

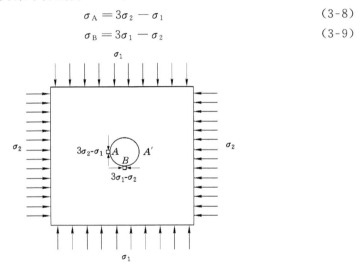

图 3-2　水压致裂应力原理图[190]

若 $\sigma_1 < \sigma_2$,则 $\sigma_A < \sigma_B$,因此,当在圆孔内施加的液压大于孔壁上岩石所承受的压力时,将在最小切向应力的方向上,即 A 点及其对称点 A' 点处产生破裂,并且破裂将沿着垂直于最小主应力的方向扩展,此时把使孔壁产生破裂的外加液压 p_b 称为临界破裂压力,临界破裂压力等于孔壁破裂处的应力集中值加上岩石抗张强度 T,即:

$$p_b = 3\sigma_2 - \sigma_1 + T \tag{3-10}$$

若考虑到岩石中所存在的孔隙压力 p_0，将有效应力换为区域主应力，则式(3-10)将变为：

$$p_b = 3\sigma_h - \sigma_H + T - P_0 \tag{3-11}$$

式中，σ_H、σ_h 分别为原地应力场中的最大和最小水平主应力，MPa。

在实际测量中被封隔器封闭的孔段，在孔壁破裂后，若继续注浆增压，裂隙将向纵深处扩展；若马上停止注压并保持压裂系统封闭，裂隙将立即停止扩展延伸。由于地应力场的作用，被高压液体胀破的裂隙会逐渐趋于闭合，我们把保持裂隙张开时的平衡压力称为瞬时关闭压力 p_s，它等于垂直裂隙面的最小水平主应力，即：

$$p_s = \sigma_h \tag{3-12}$$

如果再次对封闭段注液增压，使破裂重新张开时，即可得到破裂重新张开的压力 p_r，由于此时岩石已经破裂，抗张强度 $T = 0$，那么有：

$$p_r = 3\sigma_h - \sigma_H - p_0 \tag{3-13}$$

在现场得到岩石的抗张强度为：

$$T = p_b - p_r \tag{3-14}$$

最大水平主应力 σ_H 为：

$$\sigma_H = 3p_s - p_r - p_0 \tag{3-15}$$

垂直应力可根据上覆岩石的质量来计算：

$$\sigma_v = \rho g H \tag{3-16}$$

式中，ρ 为岩石密度，g/cm²；g 为重力加速度，m/s²；H 为埋深，m。

地应力测量一般是在现场的巷道围岩中钻孔进行(图 3-3)。在打好的钻孔中，首先用钻杆将一对橡胶封隔器送到钻孔的指定位置，然后注入高压水，将封隔器胀起，对两个封隔器之间的岩孔进行封闭。对封隔器之间的岩孔进行高压注水，直至高压将围岩压裂，产生裂隙，压裂的方向即为最大水平应力方向。为了得到水压裂缝的方位及形态，在压裂后需进行印模。印模是指把带有定向罗盘的印模胶筒放在已压裂的孔段，然后给印模器注水加压，压力大小和加压时间一般根据压裂参数设定。在印模器的外层涂有半硫化橡胶，半硫化橡胶具有一定的塑性。因此，当印模器注水膨胀，压力达到一定数值后，其外层橡胶就挤入压裂缝和原生裂缝。然后利用印模装置中的定位罗盘测量出的胶筒基线方位，从而确定出破裂的方位。根据水压致裂测量原理，破裂方向就是最大主应力 σ_H 的方向[202-204]。

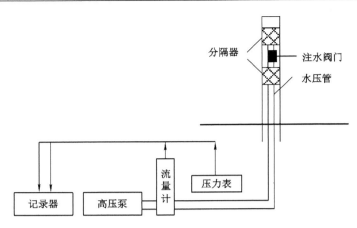

图 3-3 水压致裂地应力测量示意图[190]

3.3.3 地应力分布特征

根据上述的理论方法,通过实测和相应计算,得到研究区 27 个测点地应力场中的最大水平主应力值及其方位[189-190](表 3-5)。

表 3-5 潞安矿区地应力测试结果

序号	测点位置	H/m	σ_v /MPa	σ_H /MPa	σ_h /MPa	最大水平应力方向
1	屯留矿南翼胶带大巷 1#	520	13.00	9.60	5.42	N44.8°E
2	屯留矿南翼胶带大巷 2#	515	13.65	6.56	5.41	N44.8°E
3	屯留矿 2203 回风巷	538	13.45	10.10	5.52	N13.6°E
4	屯留矿南翼轨道下山	540	13.50	13.21	7.24	N24.7°E
5	屯留矿 2201 回风巷	535	14.18	9.95	5.33	N36.4°E
6	屯留矿南翼回风下山二胶轮车调车横贯	517	13.70	10.55	5.57	N41.6°E
7	屯留矿北翼换装站	530	14.08	13.32	6.49	N27.9°E
8	漳村矿西胶带下山	340	8.50	6.58	3.53	N54.7°W
9	漳村矿 32 采区材料巷	258	6.45	6.94	3.76	N21.1°W
10	五阳矿 7516 放水巷	450	11.25	15.00	8.30	N84.8°E
11	五阳矿 76 采区胶带巷	589	14.73	16.94	10.84	N121°W
12	五阳矿 51 采区运输巷	350	8.75	13.20	6.50	N19.6°W

表 3-5(续)

序号	测点位置	H/m	σ_v/MPa	σ_H/MPa	σ_h/MPa	最大水平应力方向
13	五阳矿 76 采区轨道巷	470	11.32	9.82	5.27	N11.8°W
14	五阳矿 75 采区总回风巷	240	5.65	10.60	6.72	N21.9°W
15	石圪节矿 2317Ⅱ联巷	180	4.50	4.63	3.13	N78.0°E
16	常村矿 S3 胶带下山	373	9.33	13.57	6.96	N35.7°W
17	常村矿 S3 材料斜巷	394	9.85	12.84	6.28	N49.7°E
18	常村矿 S4 轨道上山	330	8.25	10.17	6.41	N19.1°W
19	王庄矿 433 下山	165	4.13	7.47	4.68	N55.0°W
20	王庄矿 43 二下山辅轨	220	5.50	12.21	7.06	N59.2°W
21	司马矿 1106 工作面运联巷	253	6.33	10.03	5.42	N30.8°E
22	司马矿二水平集中风巷	299	7.48	10.16	5.02	N29.0°E
23	高河矿西一总回风大巷	468	11.70	13.15	7.10	N47.0°E
24	夏店矿 3105 回风巷	320	8.00	6.56	3.16	N34.5°W
25	郭庄矿二采区轨道下山	365	9.13	15.02	7.73	N22.5°E
26	霍尔新赫矿回风大巷	429	10.73	13.71	8.95	N22.0°E
27	善福矿 5# 贯眼	359	8.98	14.85	8.41	N16.6°W

分析潞安矿区 27 个地应力测点数据,地应力分布具有如下规律:

(1)矿区地应力场类型

研究区内 27 个测点之中,最大水平主应力大于垂直主应力的测点共有 17 个,占总测点的 59%,可见潞安矿区原岩应力总体上以水平应力为主,由于埋藏深度不同及地质构造原因,矿区内各矿地应力场差别较大。按照三个主应力的大小排列,可分为三种情况:$\sigma_H > \sigma_v > \sigma_h$,14 个测点,占总测点数的 51.9%;$\sigma_v > \sigma_H > \sigma_h$,10 个测点,占总测点数的 37%;$\sigma_H > \sigma_h > \sigma_v$,3 个测点,大部分是埋藏较浅的井区,占总测点数的 11.1%。

在文王山大断层以北区域内的五阳矿,共 5 个测点,所处巷道埋深为 240～589 m。其中,$\sigma_H > \sigma_v > \sigma_h$,4 个测点;$\sigma_v > \sigma_H > \sigma_h$,1 个测点;没有出现 $\sigma_H > \sigma_h > \sigma_v$ 的情况,五阳矿水平主应力占明显优势。

在文王山南大断层至二岗山北正断层之间西部的屯留矿,共 7 个测点,巷道埋深较大（515～540 m），测点内垂直主应力全部大于水平主应力，以垂直应力为主。

在二岗山大断层以南区域内的高河矿，共 1 个测点，所处巷道埋深为 468～474 m，属 $\sigma_H > \sigma_v > \sigma_h$，水平主应力大于垂直主应力，以水平应力为主。

（2）矿区主应力量级分析

统计潞安矿区 27 个测点测试结果，最大水平主应力极值为 16.94 MPa。最大主应力小于 10 MPa 的有 9 个测点，占 33.3 %；大于 10 MPa 且小于 18 MPa 的测点有 18 个，占 66.7%。

根据于学馥教授提出的地应力大小判断标准：0～10 MPa 为低应力区；10～18 MPa 为中等应力区；18～30 MPa 为高应力区；大于 30 MPa 为超高应力区[190]。因此，潞安矿区地应力整体上属于中等地应力值矿区，局部地区属于低地应力场。

（3）矿区主应力分布特征

潞安矿区构造应力场中，在文王山大断层以北区域，最大水平主应力方向基本集中在 N11.8°W～N34.5°W 之间。在文王山南大断层至二岗山北正断层之间的中部区域 15 个测点，其中 6 个测点的最大水平主应力方向集中在 N19.1°W～N72.9°W 之间。屯留矿 7 个测点最大水平主应力方向全部集中在 N13.6°E～N44.8°E 之间。在二岗山大断层以南的区域，最大水平主应力方向全部集中在 N22.0°E～N47.0°E 之间，并且 7 个测点中有 4 个测点的最大水平主应力集中在 N22.0°E～N30.8°E。

由此可见，潞安矿区最大水平主应力方向从南到北变化较大，构造应力场呈现出多变的形态。在文王山大断层以北区域，受崔家庄 2# 正断层、西川正断层和东南上正断层的影响，最大水平主应力方向基本集中在 NNW 方向。由于受文王山南、北大断层的影响，文王山大断层和二岗山大断层之间的中部矿区，最大水平主应力方向发生了由 NNW 方向朝 NWW 方向扭转的趋势。而屯留矿由于受余吾大逆断层的影响，最大水平主应力方向发生了向 NE 方向扭转的趋势。在二岗山大断层以南的区域，最大水平主应力方向主要集中在 NNE 方向。

对于屯留矿地应力，测试结果显示基本上全部属于 $\sigma_v > \sigma_H > \sigma_h$ 地应力分布形式，也就是垂直应力属最大主应力，其埋深是影响地应力的主要因素。最大主应力值均小于 15 MPa，最大水平主应力值平均为垂直主应力的 0.71 倍，最小水平主应力值平均为垂直主应力的 0.38 倍。最大主应力方向一般在 NE 方向，变化范围为 N13.6°E～N44.8°E。

　　五阳矿的地应力分布与其他两个矿有所差异,在褶曲轴部附近最大水平主应力大于垂直应力,应力场以构造应力场为主,说明该区曾受到水平应力顺层挤压,故该区域最大水平主应力大于垂直应力。正常地质条件下,最大水平主应力方向均与向斜轴垂直,而断层附近的应力方向性较差。在构造地质带附近,天仓向斜轴区域最大水平主应力小于垂直应力,而断层附近最大水平主应力小于垂直应力,主要受控于断层形成时的力学机制,煤岩层破裂造成了应力释放。从测试结果来看,水平方向上应力占主导,水平方向上最大主应力介于 9.82～16.94 MPa 之间,最大水平主应力方向集中在 N11.8°W～N21.9°W 之间。地应力大小总体处于中应力状态。

3.3.4　研究区煤层地应力预测

　　根据上述地应力实测结果,对屯留矿和五阳矿最大垂直主应力(σ_v/MPa)和埋深(H/m)进行了拟合,研究区最大垂直主应力与埋深具有较好的线性关系,预测屯留矿煤层埋深 600～1 500 m 的最大垂直主应力为 15.90～39.75 MPa,五阳矿煤层埋深 600～1 500 m 的最大垂直主应力为 14.88～37.20 MPa(表 3-6)。

表 3-6　研究区最大垂直主应力预测

埋深/m	600	700	800	900	1 000	1 100	1 200	1 300	1 400	1 500
屯留矿 σ_v/MPa	15.90	18.55	21.20	23.85	26.50	29.15	31.80	34.45	37.10	39.75
五阳矿 σ_v/MPa	14.88	17.36	19.84	22.32	24.80	27.28	29.76	32.24	34.72	37.20

3.4　煤层瓦斯成分变化特征

　　煤层中的瓦斯主要受构造运动力、地层静压力、浮力、水动力、地温和分子扩散等因素的影响,能够通过各种方式由煤层深部向地表流动。然而地表的空气以及生物化学作用所生成的气体,则可以沿煤层和围岩向下运动,使地壳浅部形成相反方向的循环运动,因此造成了煤层中各种瓦斯成分由浅到深有规律地变化,形成了煤层瓦斯的带状分布规律[175,205]。

　　我国学者对苏联顿巴斯煤田的研究显示,煤层中瓦斯的分带状况由浅到深可划分为四个带(图 3-4),依次为:二氧化碳-氮气带、氮气带、氮气-甲烷带、甲烷带。前三个带又统称为瓦斯风化带。其划分标准见表 3-7。

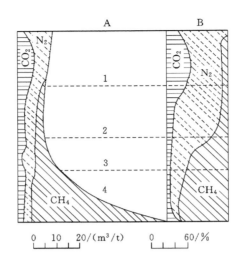

A—含量;B—占总瓦斯成分的百分比;

1—二氧化碳-氮气带;2—氮气带;3—氮气-甲烷带;4—甲烷带。

图 3-4　瓦斯分带[205]

表 3-7　按瓦斯成分划分瓦斯带的标准[175]

瓦斯带名称	组分含量/%		
	CH₄	CO₂	N₂
二氧化碳-氮气带	0~10	20~80	20~80
氮气带	0~20	0~20	80~100
氮气-甲烷带	20~80	0~20	20~80
甲烷带	80~100	0~10	0~20

　　通常主要依据瓦斯各成分含量来确定瓦斯风化带下部的界限。我国各煤田瓦斯风化带的深度差异很大。北方各矿区瓦斯风化带一般为 $200\sim300$ m,开滦赵各庄矿瓦斯风化带则深达 480 m,而湖南红卫、马田、立新等矿瓦斯风化带不到 100 m,焦作焦西矿瓦斯风化带为 90 m,抚顺龙凤矿瓦斯风化带为 200 m。化学风化作用和水的循环一般是沿着煤层及其围岩,顺煤岩层渗透性较大的部分进行的,能够促进瓦斯的循环运移,这是影响我国各矿区瓦斯风化带深度发生较大变化的主要原因之一。此种作用不仅在各个煤田有所差异,即使在同一煤田、同一煤层和同一深度上,瓦斯风化的程度往往也不同,以

致各矿区瓦斯带之间的界限不明显,而呈犬牙交错的状态[175,205-206]。

据研究区煤层埋深小于 800 m 资料统计,瓦斯成分以甲烷为主,平均占85% 以上;其次为氮气,平均约占 10%;二氧化碳小于 4% 左右;重烃含量极低(表 3-8)。

表 3-8　煤层气成分百分比

矿井	煤层编号	甲烷含量/(m³/t)	瓦斯成分			
			CH_4/%	CO_2/%	N_2/%	$C_2 \sim C_8$/%
屯留	3#	4.0～25.2	$\dfrac{94.93 \sim 99.88}{95}$	$\dfrac{0.22 \sim 0.79}{0.50}$	$\dfrac{1.9 \sim 6.47}{2.5}$	<0.3
五阳	3#	3.0～16.0	$\dfrac{94.37 \sim 96.47}{93.30}$	$\dfrac{0.17 \sim 0.37}{0.24}$	$\dfrac{3.36 \sim 5.36}{4.46}$	<0.3

参考焦作煤田深部煤层埋藏深度为 1 063.73～1 352.09 m 的 5 口地质勘探钻孔瓦斯样品(资料来源于河南省焦作矿区五里源煤炭普查报告),结果见表 3-9。

表 3-9　焦作煤田五里源普查区地质勘探钻孔瓦斯成分统计表

钻孔号	煤层	采样深度/m	瓦斯成分/%		
			CH_4	CO_2	N_2
ZK2405	二₁	1 218.09	98.13	1.58	0.29
ZK1605	二₁	1 318.79	99.18	0.63	0.19
ZK2303	二₁	1 352.09	92.53	1.48	5.99
ZK0001	二₁	1 063.73	97.02	0.73	2.25
ZK0803	二₁	1 160.04	99.18	0.68	0.14

表 3-9 显示,当煤层埋深大于 800 m 以后,煤田深部煤层甲烷成分含量将会更高,为 92.53～99.18%,平均 97.21%;氮气与二氧化碳成分含量均较低,其平均值分别为 1.77% 和 1.02%。

通过以上分析,可以推测煤层埋藏变深后,煤层通常处于甲烷带内,甲烷成分大于 90%,因此扩散物理模拟实验使用甲烷代替瓦斯具有合理性。

3.5　本章小结

（1）研究区含煤地层的温度场统计分析结果表明，本区块恒温带深度介于 20～40 m，现代地温梯度采用 2.82 ℃/100 m，采用线性回归方法，得出埋深在 600～1 500 m 范围内的煤储层温度介于 30.07～55.45 ℃之间。

（2）研究区煤层气试井资料分析结果表明，在埋深 400～800 m 范围内，3# 煤层试井储层压力介于 1.34～5.72 MPa 之间，储层压力梯度介于 0.28～0.73 MPa/100 m 之间，压力系数变化范围为 0.29～0.75。储层压力总体上与埋深呈正相关关系，煤层埋深增加，储层压力、压力系数随之增高。

（3）研究区最大垂直主应力与埋深具有较好的线性关系，预测屯留矿 3# 煤层埋深 600～1 500 m 的最大垂直主应力为 15.90～39.75 MPa，五阳矿 3# 煤层埋深 600～1 500 m 的最大垂直主应力为 14.88～37.20 MPa。

（4）煤层瓦斯成分与埋藏深度的统计分析结果表明，研究区煤层通常处于甲烷带内，甲烷成分大于 90%，我们可以用纯甲烷代替瓦斯进行实验。

以上分析成果，为开展煤中甲烷扩散物理模拟实验、制定实验条件提供了参数依据。

第4章　煤的孔隙性及扩散孔隙几何模型

　　煤层既是煤层气(瓦斯)的源岩,又是其储集层。煤层作为储集层,它具有与常规天然气储层明显不同的特征。两者最重要的区别在于,煤储层是一种由基质孔隙和裂隙组成的双孔隙岩层,且有煤层自身独特的割理系统。基质孔隙和裂隙的大小、形态、连通性及孔隙率等决定了煤层气的储集、运移和产出[207]。煤的孔隙结构较为复杂,从最小的微孔到较大的中孔,直至最大的大孔,具有较宽的孔径分布范围。煤的孔隙结构参数通常采用压汞实验和低温液氮吸附实验来获得,通过分析进汞、退汞及吸附、脱附数据进而来研究煤的孔隙性[108,208]。

　　煤的表面和结构具有很强的非均匀性,主要表现为煤结构具有不同尺寸和形状的孔以及煤表面的不均匀,而这种非均匀性在扩散过程中起决定作用。在研究煤的孔隙结构时,需要对其不同方面进行表征,除了比表面积和孔径分布外,还包括对煤的非均匀性的测定和表征。研究表明,煤的孔隙分布、表面形貌均存在非均匀性,两者具有统计分形特征,很难用欧氏几何来描述,更适合采用分形几何来描述[209]。

　　本章在借鉴前人研究的基础上,利用低温液氮吸附法对吸附/扩散孔的测试优势,获得微观孔隙结构参数,并且利用分形几何理论介绍煤的微孔阶段分形研究方法,分析其影响扩散到微孔变化规律,完善煤的孔隙性研究。

4.1　煤的孔隙性实验原理

4.1.1　煤的孔隙性研究方法

　　煤孔隙结构是指煤中孔隙和喉道的集合形状、大小分布及其相互连通关系。煤孔隙大到裂缝,小到分子间隙。煤的微观孔隙结构随着煤化作用而变化,是煤储层的重要特征。

　　Close(克洛斯)等通过对煤的孔隙性研究认为,煤储层是由孔隙、裂隙组成的双重结构系统[210-211];而Gamson等[71]通过研究认为,在孔隙、裂隙之间,还存在着一种过渡类型的孔隙、裂隙；施兴华等[212-213]对煤中显微孔、裂隙进行了孔-裂隙成因分类；段超超等[179,214]认为煤储层是由宏观裂隙、显微裂隙和孔隙组成的三元孔、裂隙介质；王生维等[75]研究了煤基质块孔、裂隙分布特征。煤的孔隙结构是研究煤层气赋存状态、煤基质块与气-水介质间物理、化学作用以及瓦斯吸附、解吸、扩散和渗流的基础[215-216]。

（1）孔隙成因分类

煤的孔隙成因类型及发育特征是煤层产气、储气和扩散性能、渗透性能的最直接反映。根据成因，煤孔隙可分为原生孔和次生孔，原生孔是指煤沉积过程中形成的结构孔隙，次生孔是煤化作用过程中煤结构去挥发分作用而形成的。

Gan 等[217]按成因将煤中孔隙划分为煤植体孔、分子间孔、裂缝孔和热成因孔等几类。郝琦[68]将孔隙的成因类型划分为气孔、粒间孔、植物组织孔、晶间孔、溶蚀孔、铸模孔等。根据煤炭科学研究总院西安分院学者[218-219]对煤的电子探针观察结果表明，煤中显微孔隙按成因可粗略分为气孔、植物组织孔、粒间孔、晶间孔、铸膜孔和裂隙等类型，其中又以气孔比较常见，对煤的孔隙体积影响较大。煤中气孔是煤化过程中气体逸出留下的孔洞，在各变质程度的煤和煤岩组分中都有存在，一般呈单个出现，成气作用强烈时可密集成群，其大小不一、排列无序、轮廓圆滑，外形多为圆形、椭圆形，大者可称为港湾形，其直径为$10^2 \sim 10^4$ nm，一般为2×10^3 nm，主要是中孔和大孔，也有部分过渡孔。

由于煤的显微组分以镜质组为主，加之镜质组产气能力又比较强，故在各种镜质组中气孔最多见；惰质组气孔多发育在植物细胞壁上。由于煤层中甲烷储集的主要机理是吸附在孔隙表面，因此大部分气体储集在微孔隙中，在压力作用下呈吸附状态，通过吸附作用，煤层比常规砂岩具有更高的储气能力。

气孔的发育与煤化程度有一定关系，气煤阶段已开始大量产气，气孔出现的概率也开始增大，在主要产气阶段——肥煤、焦煤阶段，气孔极为发育，但在瘦煤和贫煤中气孔出现的概率明显减小，到$2^\#$、$3^\#$无烟煤阶段，气孔又较容易看到。气孔随煤化程度而变化的趋势与煤中孔隙率的变化规律相吻合，这在一定程度上提示我们，煤中气孔是孔隙体积的重要组成部分。在上述研究的基础上，张慧等[218]通过大量的扫描电镜观察结果，以煤的变质、变形特征及煤岩显微组分为基础，将煤孔隙的成因类型划分为原生孔、变质孔、外生孔和矿物质孔等四大类，并进一步划分为胞腔孔、屑间孔、链间孔、气孔、角砾孔、碎粒孔、摩擦孔、铸模孔、溶蚀孔和晶间孔等十小类，并对各种类型孔的成因进行了简述，详见表4-1。

表 4-1　煤孔隙类型及成因[218]

类型		成因简述
原生孔	屑间孔	镜屑体、惰屑体和壳屑体等碎屑状颗粒之间的孔隙
	胞腔孔	成煤植物本身所具有的细胞结构孔
变质孔	气孔	煤变质过程中由产气和聚气作用而形成的孔隙
	链间孔	凝胶化物质在变质作用下缩聚而形成的链之间的孔隙
外生孔	碎粒孔	煤受构造应力破坏而形成的碎粒之间的孔隙
	角砾孔	煤受构造应力破坏而形成的角砾之间的孔隙
	摩擦孔	压应力作用下面与面之间因摩擦而形成的孔隙
矿物质孔	溶蚀孔	可溶性矿物在长期气-水作用下受溶蚀而形成的孔
	铸模孔	煤中矿物质在有机质中因硬度差异而铸成的印坑
	晶间孔	矿物晶粒之间的孔

（2）孔隙大小分级

国内外研究者基于不同的测试精度和不同的研究目的，对煤的孔隙结构划分做过大量卓有成效的研究工作。其中，在国内煤炭工业界应用最为广泛的煤孔隙结构划分方案是 Ходот 的十进制分类方案[220]（表 4-2），根据十进制分类系统将孔隙分为四种，即孔径＞1 000 nm 的孔隙为大孔；孔径在 100～1 000 nm 的孔隙为中孔；孔径在 10～100 nm 的孔隙为小孔（或过渡孔）；孔径＜10 nm 的孔隙为微孔。该分类是在考虑工业吸附剂基础上提出的，认为气体在大孔中主要以剧烈层流和紊流方式渗流，在微孔中以毛细管凝结、物理吸附剂扩散现象等方式存在。国外煤物理和煤化学文献中则主要使用 Gan 等[217]和国际理论与应用化学联合会（IUPAC）的分类系统[212]。此外，秦勇等[221]还开展过高煤阶煤孔隙结构的自然分类研究。

表 4-2　煤孔隙结构划分方案比较[212]　　　　单位：nm

Ходот (1961)	Dubinin (1966)	IUPAC (1966)	Gan (1972)	抚顺煤研所 (1985)	吴俊 (1991)	杨思敬 (1991)
微孔，<10	微孔，<2	微孔，<2	微孔，<1.2	微孔，<8	微孔，<5	微孔，<10
过渡孔，10～100	过渡孔，2～20	过渡孔，2～50	过渡孔，1.2～30	过渡孔，8～100	过渡孔，5～50	过渡孔，10～50
中孔，100～1 000					中孔，50～500	中孔，50～750
大孔，>1 000	大孔，>20	大孔，>1 000	粗孔，>1 000	大孔，>100	大孔，500～7 500	大孔，>1 000

（3）煤的孔隙性表征方法

孔隙性是指煤储层的物理性质，一般用孔容、孔比表面积、孔隙率、中值孔径等参数表征[222]。孔容是指单位质量煤样中所含孔隙的容积大小，单位为 cm^3/g。通过氦、汞投入密度的差值可以计算煤的总孔隙体积。总孔容常用 SANS 法、CO_2 吸附法或纯氦比重法测算，与煤阶和煤物质组成密切相关，随着煤阶的增高，煤的总孔容先减小后增大，约在焦煤中期阶段达到极小值。一般来说，煤阶增高，大孔和中孔比例减小，微孔比例增大。煤的孔隙结构直接影响到煤层气的富集和产出。大孔和中孔易于煤层气储集和运移，被称为气体容积型扩散孔隙；过渡孔和微孔易于煤层气储集，但不利于煤层气运移，被称为气体分子型扩散孔隙。

孔比表面积是单位质量煤样中所含有的孔隙内表面积大小，单位为 m^2/g。煤的孔表面积包括外表面积和内表面积，外表面积所占比例极小，贡献几乎全来自内表面积。煤的比表面积大小与煤的分子结构和孔隙结构有关。在同样总孔容条件下，微小孔隙占的比例越大，煤比表面积越大。煤阶增高，孔隙比表面积增大。至于显微煤岩组分与孔比表面积之间的关系，随煤阶不同而发生规律性变化。测定煤的比表面积，通常采用压汞法和低温氮吸附法。不同孔径段的比表面积、孔容可以反映孔隙结构变化特征的重要信息。中值孔径是指 1/2 孔容或比表面积对应的平均孔径大小，也是直接表征孔隙结构的一个参数，孔容对应的平均孔径大小称孔容中值孔径，比表面积对应的平均孔径大小称比表面积中值孔径[16]。

孔容、比表面积、孔隙率等结构参数多采用压汞法、低温液氮吸附法或者两者相结合进行测定。压汞法主要对测定 10 nm 孔径以上孔隙精度较高，尤其是渗流孔隙；低温液氮吸附法主要对测定 10 nm 孔径以下的孔隙精度较高，尤其主要针对吸附/扩散孔隙[105,110]。

（4）孔隙连通性及形态

通过利用扫描电子显微镜（SEM）技术，利用压汞法或者低温液氮吸附法对煤进行的孔隙性研究，可清楚地认识到煤是一种复杂的多孔性介质，孔隙连通性由孔隙与孔隙间的空间分布定性反映。煤中所有孔隙的连通性，均可认为是由两种孔隙模型构成的，即由孔隙的串联和并联连通类型组成。煤层的所有传递运动，均在这两种孔隙类型中进行，并且是作用于连通孔隙类型的综合反映[223]。煤的总孔隙空间主要由死端孔隙、可渗透-扩散孔隙和孤立孔隙等三种类型组成[224]，如图 4-1 所示。

通过分析压汞实验的进汞-退汞曲线和低温液氮吸附-脱附曲线，可以对

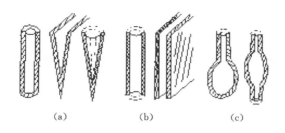

图 4-1　孔隙形态类型[224]

煤中孔隙的连通性进行研究。根据进汞-退汞曲线的"孔隙滞后环"特征,可对孔隙的基本形态及其连通性进行初步评价[225]。一般开放孔具有压汞滞后环,半封闭孔则由于退汞压力与进汞压力相等而不具有滞后环特征。但是有一种特殊的半封闭孔——细颈瓶孔,由于其瓶颈与瓶体的退汞压力不同,也可以形成"突降"型滞后环的进汞-退汞曲线(图 4-2)。文献研究表明[226],低、中煤阶镜煤-亮煤的压汞曲线进汞、退汞体积差(压力差)较大,滞后环宽大,退汞曲线微上凸,开孔较多,孔隙连通性最好;高煤阶压汞曲线具有一定的进汞、退汞体积差,滞后环窄小,孔隙多以开孔为主,但退汞曲线均呈下凹状,表明其中包含相当数量的半封闭孔隙;中、高煤级无烟煤(R°_{max} 介于 4.0% ~ 8.6%)进汞-退汞曲线相对闭合,半封闭孔容相对增大。不同煤阶孔径特征不同,褐煤和低煤阶烟煤以大孔为主,而高煤阶烟煤和无烟煤则以微孔为主,中煤阶烟煤以小孔为主,部分为中孔和微孔。

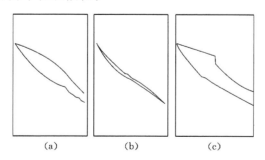

图 4-2　孔隙压汞滞后环与孔隙连通性[224]

吸附-脱附回线也可以反映一定的孔隙结构情况。煤中的孔隙形态各异,千变万化,实际上只有极少数孔隙形貌符合某种典型几何形状,研究者为了讨论问题方便,才把它们化为几种较为理想的几何模型,分别讨论其对吸附-脱附回线的贡献,这样就可以根据吸附-脱附回线进行分析,来探知未知煤中孔隙的形态组成。

严继民等[227]引用了国际理论与应用化学联合会(IUPAC)在《关于表面积和孔隙率的气、固体系物理吸附数据特别报告》手册中一种新的分类方法(图4-3)。在新的分类中,为了与 De Boer(德·博尔)于 1958 年最初提出的吸附-脱附回线分类区分开,所建议的四种特征类型分别用 H_1、H_2、H_3 和 H_4 进行表示。但是,在新的分类中,删去了不常见的 C、D 两种类型,并将 B 型重画,前三种类型分别与 De Boer 最初提出的 A、E 型和 B 型相对应。H_1 和 H_4 代表两种极端孔隙类型;前者的吸附-脱附回线分支在相当宽的吸附量范围内,垂直于压力轴且相互平行;后者的吸附-脱附回线分支在宽压力范围内,与压力轴平行,即是水平的且相互平行。H_2 和 H_3 则是代表两极端情况的中间范围[227]。

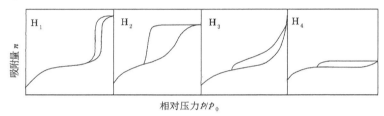

图 4-3　IUPAC 推荐的吸附-脱附回线分类[227]

Gregg(格雷格)等研究表明,一定的滞后回线类型与特殊孔结构是紧密联系的。比如,由尺寸和排列都十分均一的球粒组成的凝聚体可得到 H_1 型滞后回归曲线,某些微粒系统(如二氧化硅凝胶)会产生 H_2 型滞后回归曲线,但这些情况下的孔径分布和形态尚不能完全弄清楚。具有缝隙孔或板状粒子的吸附剂可获得 H_3 型和 H_4 型滞后回线,而与 H_4 型滞后回线相联系的 I 型等温线特征则象征着吸附剂具有大量微孔[228-229]。

严继民等[227]认为关于吸附-脱附回线分类及其与孔隙结构的关系问题,需要进一步进行深入的分析和探讨。根据孔形结构本身特点及其能否产生吸附-脱附回线,可以把煤中的孔类型分为三类:第 I 类为开放性透气性孔,主要包括四边开放的平行板孔及两端开口的圆形孔,这类孔能够产生吸附-脱附回线;第 II 类为一端封闭的不透气性孔,包括一端封闭的平行板状孔、一端封闭的圆筒形孔、一端封闭的锥形孔和一端封闭的楔形孔,这类孔不易产生吸附回-脱附线;第 III 类为一种较为特殊的形态孔——细颈瓶孔,这种孔形虽然一端封闭,但它能够产生吸附-脱附回线,且这种孔形在吸附回线上有一明显标志,即解吸分支上有一个急剧下降的拐点[219,227]。

4.1.2　液氮吸附法原理

低温液氮吸附法是依据煤对气体的物理吸附原理,测量煤的微孔孔隙的分布规律、比表面积和孔容等参数。低温液氮吸附法(即 BET 法)是由 Brunauer(布鲁诺尔)、Emmet(埃米特)和 Teller(特勒)三人于 1938 年在单分子层吸附理论基础上提出的[101,230]。将煤样品粉碎过筛,取粒径 40～60 目(颗粒直径为 0.28～0.45 mm)的样品 5～10 g,在 105 ℃条件下烘 8 h 后进行实验。

测量原理是基于 BET 多层吸附理论,煤岩表面分子存在剩余的表面自由场,气体分子与固体表面接触时,部分分子被吸附在固体内表面上,当分子的位能足以克服吸附剂表面自由场的位能时即发生脱附,动态吸附与脱附速度相等时即达到吸附平衡。当温度恒定时,吸附量是相对压力 p/p_0(平衡后系统压力/氮气的饱和蒸气压)的函数,吸附量可根据波义耳-马略特定律进行计算。测得不同相对压力下的吸附量后可绘制吸附等温线。由吸附等温线可求得孔容、比表面积和孔径分布规律等(GB/T 21650.2—2008)。实测的孔径范围一般为 0.35～350 nm,包含了部分中孔、全部小孔和部分微孔[108]。

研究表明,通常用 BET(Brunauer-Emmet-Teller)理论模型可较为准确地计算出单层吸附量,从而计算出样品的比表面积;用 BJH(Barratt-Joyner-Halenda)法则可较为准确地计算出孔容大小、孔径分布。

$$\frac{V}{V_m} = \sum_{i=0}^{\infty} iS_i \sum_{i=0}^{\infty} S_i \quad \text{或} \quad V = \frac{V_m Cp}{(p_0 - p)[1 + (C-1)p/p_0]} \quad (4\text{-}1)$$

式中,V_m 为单分子层体积;V 为吸附体积;S_i 为第 i 层分子覆盖的面积;i 为分子层;p 为压力;p_0 为饱和压力;C 为常数。

4.2　液氮吸附实验

4.2.1　实验样品与实验条件

选用潞安矿区屯留矿贫煤(1#、2#)、五阳矿贫煤(3#、4#)作为研究用煤样,利用低温液氮吸附法对吸附/扩散孔的测试优势分别进行低温液氮吸附实验。

低温液氮吸附实验采用美国 MICROMERITICS INSTRUMENT 公司生产的 ASAP2020M 型全自动比表面积及物理吸附分析测试仪,这种仪器借助吸附原理(典型为氮气)可用于确定孔体积、比表面积、孔径分布、中孔体积和面积、微孔体积和面积、等温吸附和脱附回线分析。该仪器必须采用"静态容量法"等温吸附的原理进行测试。仪器配备有液氮液面保持稳定装置(即液氮等温夹),以确保分析测试的准确性。该仪器还配备有两个脱气站和一个分析站,且分析站和脱气站各配有一套独立的真空系统。其中,分析站配有一个双级机械泵和一个分子涡轮泵;脱气站为一个双级机械泵,并且机械泵可选择无油泵。脱气站和分析站均可以全自动操作。比表面积测定的下限值为 0.000 5 m²/g,无上限值,孔径分析范围为 3.5~5 000 Å,微孔区段的分辨率为 0.2 Å,孔体积最小检测值为 0.000 1 cm³/g。

4.2.2 吸附-脱附回线分析

根据 1# ~4# 煤样低温液氮吸附实验原始测试结果,分别绘制了吸附-脱附回线,如图 4-4 所示。从图 4-4 可以看到,屯留矿贫煤(1#、2#)、五阳矿贫煤(3#、4#)的吸附-脱附分支线在较宽压力范围内呈水平状且相互平行,4 个煤样形态差别不大,较为稳定,联系 Ⅰ 型吸附等温线的特征,可以说明煤中存在有大量微孔。

4.2.3 孔隙结构参数及分布特征

本次研究利用低温液氮吸附法可较为准确地计算出煤样中 2~361 nm 范围孔隙的孔隙结构参数,采用 Ходот 的十进制分类方法,所用测试煤样各孔段的孔容、比表面积及其百分比见表 4-3 和表 4-4。

根据低温液氮吸附实验数据结果,分别绘制了累计孔容的与孔径、阶段孔容与孔径之间的关系图,以及阶段孔比表面积与孔径、累计孔比表面积与孔径的关系图,如图 4-5 和图 4-6 所示。

表 4-3 吸附法孔容实验成果表

煤类型	样号	R^0_{max} /%	孔容/(mL/g)				孔容比/%		
			V_2	V_3	V_4	V_t	V_2/V_t	V_3/V_t	V_4/V_t
贫煤	1#	2.12	0.001 3	0.002 1	0.003 7	0.007 1	17.95	29.56	52.49
贫煤	2#	2.12	0.001 2	0.002 5	0.003 7	0.007 4	16.19	33.42	50.39
贫煤	3#	2.10	0.001 6	0.002 1	0.003 1	0.006 8	23.53	30.88	45.59
贫煤	4#	2.10	0.001 7	0.002 3	0.003 3	0.007 3	23.29	31.51	45.21

注:V_1 为大孔孔容($\phi > 1\ 000$ nm);V_2 为中孔孔容($1\ 000$ nm$\geqslant \phi > 100$ nm);V_3 为过渡孔孔容(100 nm$\geqslant \phi > 10$ nm);V_4 为微孔孔容(10 nm$\geqslant \phi > 2$ nm),V_t 为总孔容。

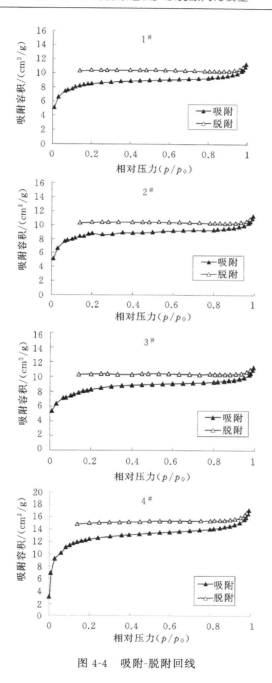

图 4-4   吸附-脱附回线

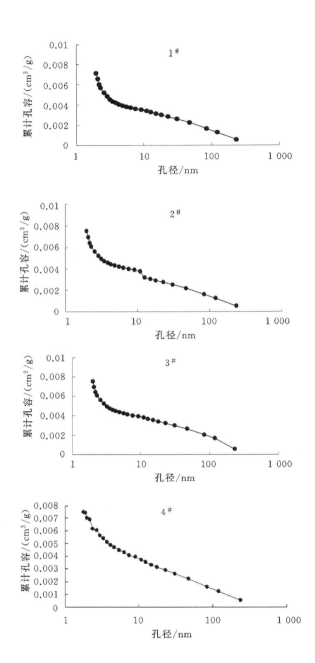

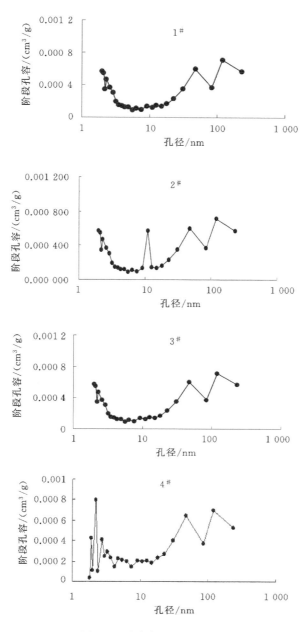

图 4-5　孔容与孔径分布曲线

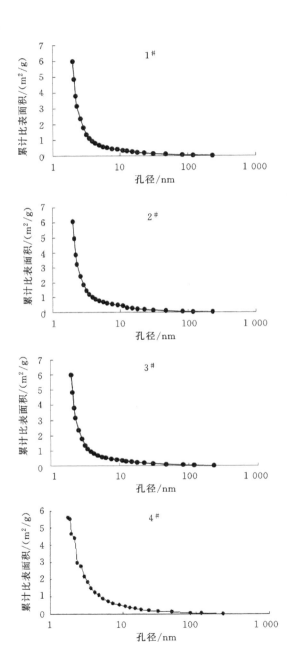

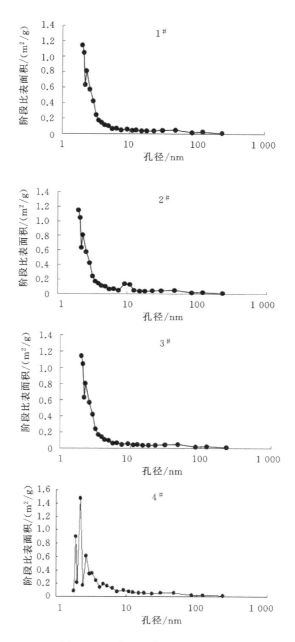

图 4-6　比表面积与孔径分布曲线

表 4-4　吸附法孔比表面积实验成果表

煤类型	样号	R_{max}^0/%	孔比表面积/(m²/g)				孔比表面积比/%		
			S_2	S_3	S_4	S_t	S_2/S_t	S_3/S_t	S_4/S_t
贫煤	1#	2.12	0.032	0.411	5.169	5.612	0.57	7.32	92.11
贫煤	2#	2.12	0.030	0.399	5.432	5.861	0.51	6.81	92.68
贫煤	3#	2.10	0.037	0.421	5.123	5.581	0.66	7.54	91.79
贫煤	4#	2.10	0.035	0.428	5.147	5.610	0.62	7.63	91.75

注：S_2 为中孔比表面积（1 000 nm≥ϕ>100 nm）；S_3 为过渡孔比表面积（100 nm≥ϕ>10 nm）；S_4 为微孔比表面积（10 nm≥ϕ>2 nm），S_t 为总比表面积。

（1）煤样纳米级孔隙孔容及其分布特征

从表 4-3 和图 4-5 可以看到，1# 煤样的总孔容为 0.007 1 mL/g，其中以微孔为主，占 52.49%，占据总孔容的 50% 以上；其次为过渡孔，占总孔容的 29.56%；中孔占 17.95%。可见，煤样中微孔和过渡孔占绝大部分，中孔也占有一定数量。2# 煤样的总孔容为 0.007 4 mL/g，其中以微孔为主，占总孔容的 50.39%；其次为过渡孔，占总孔容的 33.42%；中孔占总孔容的 16.19%，占比最小。3# 煤样总孔容为 0.006 8 mL/g，微孔为主，占 45.59%；其次为过渡孔，占 30.88%；中孔比例最小。4# 煤样的总孔容为 0.007 3 mL/g，微孔孔容所占比值最高，为 45.21%；其次为过渡孔，占总孔容的 31.51%；中孔孔容占比最小，占总孔容的 23.29%。

孔容分析结果表明，高煤阶贫煤以微孔为主，其次为过渡孔，中孔孔容最少，微孔的增加最终导致总孔容的增加，体现了高煤阶贫煤孔容分布的显著特点。

（2）煤样纳米级孔比表面积

从表 4-4 和图 4-6 可以看到，1# 煤样孔隙比表面积为 5.612 m²/g，其中微孔孔比表面积占孔隙总比表面积的 92.11%，即贫煤的孔比表面积主要集中在微孔；中孔的孔比表面积所占比例最小，仅占 0.57%；过渡孔孔比表面积占 7.32%。2# 煤样孔隙比表面积为 5.861 m²/g，微孔孔比表面积占比为 92.68%，占比最大；其次为过渡孔，孔比表面积占比为 6.81%；中孔所占孔比表面积比例最小，为 0.51%。3# 煤样孔隙比表面积为 5.581 m²/g，孔比表面积主要集中分布于微孔，为 91.79%；其次为过渡孔，为 7.54%；中孔孔比表面积所占比例较少。4# 煤样孔隙比表面积为 5.610 m²/g，孔比表面积主要集中分布于微孔，占孔总比表面积的 91.75%；其次为过渡孔，占 7.63%；中孔的孔比表面积所占比例较少。结果表明,高煤阶贫煤明显以微孔孔比表面积占绝对优势,微孔孔比表面积占孔总比表面积超过 90%。

4.2.4　液氮吸附法研究煤的孔隙分形

（1）基本原理

液氮吸附法中有三种确定分形维数 D 值的方法[184,231-234]:

① 包括一种吸附质,利用一系列同种材料的表面积和颗粒之间的关系:

$$\ln A = 常数 + (D-3)\ln d \tag{4-2}$$

② 同一种基体上不同吸附质的单层吸附容量与吸附质分子截面积的关系:

$$\ln V_m = 常数 - (D-2)\ln \delta \tag{4-3}$$

③ 利用全吸附数据,不管吸附质和基体的类型(本书采用此法)。在低压端,多层吸附的早期阶段,膜-气界面受范德华力控制,膜-气界面重复了表面的粗糙度,表示为:

$$\ln(V/V_m) = 常数 + [(D-3)/3]\{\ln[\ln(p_0/p)]\} \tag{4-4}$$

在高度覆盖时,界面由液-气表面张力控制,而使界面离开了表面,则表示为:

$$\ln(V/V_m) = 常数 + (D-3)\{\ln[\ln(p_0/p)]\} \tag{4-5}$$

（2）分形维数求解过程

由表 4-4 可知,高煤阶贫煤微孔阶段孔比表面积占 90% 以上,可见微孔对瓦斯(煤层气)的吸附、解吸、扩散起决定性作用,因此主要对吸附法所测微孔阶段($10\ nm \geqslant \phi > 2\ nm$)的分形特征进行了统计分析。计算出的分形维数数据分别见表 4-5、表 4-6、表 4-7 和表 4-8。根据表中数据,可以绘制四个煤样的 $\ln[\ln(p_0/p)]$ 与 $\ln V$ 的统计关系图,分别如图 4-7、图 4-8、图 4-9 和图 4-10 所示。

表 4-5　1# 煤样液氮吸附法计算分形维数数据

相对压力 （p/p_0）	吸附体积 /(cm³/g)	p_0/p	$\ln[\ln(p_0/p)]$	$\ln V$	D/nm
0.141 080 405	8.174 9	7.088 156 57	0.672 140 733	2.101 068 484	1.940 856 497
0.161 988 141	8.295 6	6.173 291 41	0.598 964 048	2.115 725 254	2.038 635 130
0.182 427 116	8.411 0	5.481 641 23	0.531 454 116	2.129 540 373	2.134 329 915
0.202 107 657	8.489 4	4.947 858 06	0.469 350 146	2.138 818 326	2.227 317 150
0.251 004 991	8.611 1	3.983 984 53	0.323 736 086	2.153 052 069	2.465 652 339

表 4-5(续)

相对压力 （p/p_0）	吸附体积 /(cm³/g)	p_0/p	$\ln[\ln(p_0/p)]$	$\ln V$	D/nm
0.301 818 112	8.713 6	3.313 253 78	0.180 595 669	2.164 885 023	2.730 955 777
0.352 107 955	8.802 3	2.840 038 08	0.042 884 627	2.175 013 051	3.019 407 248
0.400 425 182	8.865 7	2.497 345 43	−0.088 581 691	2.182 189 899	3.329 413 319
0.449 950 782	8.919 9	2.222 465 30	−0.224 873 703	2.188 284 736	3.691 445 361
0.499 997 929	8.972 8	2.000 008 28	−0.366 506 945	2.194 197 779	4.117 652 818
0.550 195 469	9.022 8	1.817 535 87	−0.515 031 681	2.199 754 707	4.627 367 798
0.600 012 658	9.074 8	1.666 631 51	−0.671 768 292	2.205 501 341	5.245 761 869
0.650 340 748	9.117 7	1.537 655 46	−0.843 368 331	2.210 217 579	6.033 424 402
0.699 737 776	9.171 3	1.429 106 78	−1.029 880 516	2.216 079 043	7.044 572 724
0.750 392 825	9.222 7	1.332 635 34	−1.247 721 150	2.221 667 836	8.472 332 225
0.799 584 465	9.295 3	1.250 649 61	−1.497 614 355	2.229 508 896	10.515 997 82

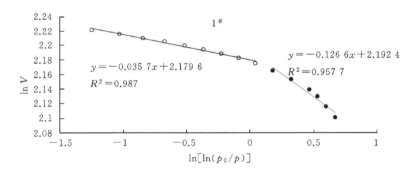

图 4-7　$\ln V$ 与 $\ln[\ln(p_0/p)]$ 的统计关系

表 4-6　2# 煤样液氮吸附法计算分形维数数据

相对压力 （p/p_0）	吸附体积 /(cm³/g)	p_0/p	$\ln[\ln(p_0/p)]$	$\ln V$	D/nm
0.142 080	8.164 9	7.038 268	0.668 528	2.099 844	1.945 545
0.161 988	8.295 6	6.173 291	0.598 964	2.115 725	2.038 635
0.182 427	8.411 0	5.481 641	0.531 454	2.129 540	2.134 330
0.202 108	8.489 4	4.947 858	0.469 350	2.138 818	2.227 317

表 4-6(续)

相对压力 （p/p_0）	吸附体积 /（cm³/g）	p_0/p	$\ln[\ln(p_0/p)]$	$\ln V$	D/nm
0.251 005	8.611 1	3.983 985	0.323 736	2.153 052	2.465 652
0.301 818	8.713 6	3.313 254	0.180 596	2.164 885	2.730 956
0.352 108	8.802 3	2.840 038	0.042 885	2.175 013	3.019 407
0.400 425	8.865 7	2.497 345	−0.088 580	2.182 190	3.329 413
0.449 951	8.919 9	2.222 465	−0.224 870	2.188 285	3.691 445
0.499 998	8.972 8	2.000 008	−0.366 510	2.194 198	4.117 653
0.550 195	9.022 8	1.817 536	−0.515 030	2.199 755	4.627 368
0.600 013	9.074 8	1.666 632	−0.671 770	2.205 501	5.245 762
0.650 341	9.117 7	1.537 655	−0.843 370	2.210 218	6.033 424
0.699 738	9.171 3	1.429 107	−1.029 880	2.216 079	7.044 573
0.750 393	9.222 7	1.332 635	−1.247 720	2.221 668	8.472 332
0.799 584	9.295 3	1.250 650	−1.497 610	2.229 509	10.516 000

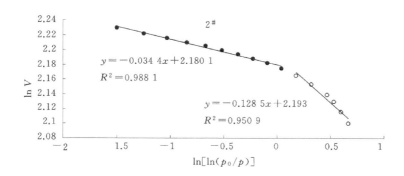

图 4-8　$\ln V$ 与 $\ln[\ln(p_0/p)]$ 的统计关系

表 4-7　3# 煤样液氮吸附法计算分形维数数据

相对压力 （p/p_0）	吸附体积 /（cm³/g）	p_0/p	$\ln[\ln(p_0/p)]$	$\ln V$	D/nm
0.131 080 405	8.154 9	7.628 905	0.708 993 15	2.098 619	1.893 831
0.151 988 141	8.275 6	6.579 461	0.633 372 113	2.113 311	1.991 913
0.172 427 116	8.311 0	5.799 552	0.564 052 018	2.117 58	2.087 443

表 4-7(续)

相对压力 （p/p_0）	吸附体积 /(cm³/g)	p_0/p	$\ln[\ln(p_0/p)]$	$\ln V$	D/nm
0.192 107 657	8.429 4	5.205 415	0.500 593 06	2.131 726	2.179 926
0.241 004 991	8.511 1	4.149 292	0.352 723 493	2.141 371	2.415 807
0.291 818 112	8.613 6	3.426 792	0.208 334 091	2.153 342	2.676 938
0.342 107 955	8.702 3	2.923 054	0.070 112 583	2.163 587	2.959 579
0.390 425 182	8.765 7	2.561 310	−0.061 323 510	2.170 846	3.262 137
0.439 950 782	8.819 9	2.272 982	−0.197 119 609	2.177 011	3.614 103
0.489 997 929	8.872 8	2.040 825	−0.337 777 328	2.182 990	4.026 741
0.540 195 469	8.922 8	1.851 182	−0.484 793 705	2.188 610	4.517 938
0.590 012 658	8.974 8	1.694 879	−0.639 395 463	2.194 421	5.110 649
0.640 340 748	9.017 7	1.561 669	−0.807 986 197	2.199 189	5.860 627
0.689 737 776	9.071 3	1.449 826	−0.990 357 736	2.205 116	6.815 377
0.740 392 825	9.122 7	1.350 634	−1.202 060 005	2.210 766	8.148 360
0.789 584 465	9.195 3	1.266 489	−1.442 871 208	2.218 692	10.025 970

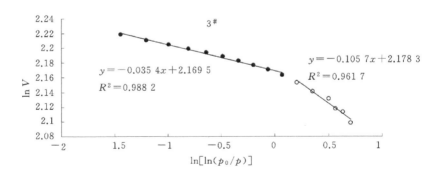

图 4-9　$\ln V$ 与 $\ln[\ln(p_0/p)]$ 的统计关系

表 4-8　4# 煤样液氮吸附法计算分形维数数据

相对压力(p/p_0)	吸附体积 /(cm³/g)	p_0/p	$\ln[\ln(p_0/p)]$	$\ln V$	D/nm
0.131 254 323	11.918 8	7.618 8	0.708 340	2.478 117	1.894 651
0.141 251 073	12.111 7	7.079 6	0.671 523	2.494 172	1.941 657

表 4-8(续)

相对压力 （p/p_0）	吸附体积 /(cm³/g)	p_0/p	$\ln[\ln(p_0/p)]$	$\ln V$	D/nm
0.161 991 376	12.224 5	6.173 2	0.598 953	2.503 442	2.038 650
0.181 125 705	12.394 0	5.521 0	0.535 653	2.517 212	2.128 217
0.224 734 545	12.599 6	4.449 7	0.400 677	2.533 665	2.336 023
0.284 086 606	12.833 3	3.520 1	0.229 902	2.552 043	2.635 830
0.341 204 579	13.004 9	2.930 8	0.072 575	2.565 326	2.954 239
0.379 505 466	13.116 7	2.635 0	−0.031 610	2.573 886	3.190 626
0.420 486 632	13.242 2	2.378 2	−0.143 470	2.583 409	3.469 949
0.459 756 858	13.361 2	2.175 1	−0.252 240	2.592 355	3.769 619
0.510 515 101	13.459 0	1.958 8	−0.397 000	2.599 648	4.216 761
0.539 572 636	13.554 0	1.853 3	−0.482 920	2.606 682	4.511 263
0.609 939 094	13.658 3	1.639 5	−0.704 420	2.614 347	5.386 171
0.690 025 152	13.762 8	1.449 2	−0.991 480	2.621 969	6.821 768
0.729 827 010	13.875 2	1.370 2	−1.155 350	2.630 103	7.831 048
0.779 497 255	14.020 0	1.282 9	−1.389 880	2.640 485	9.575 269

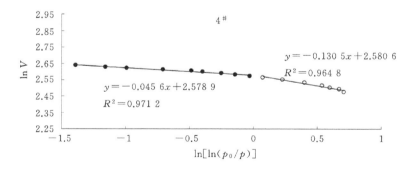

图 4-10　$\ln V$ 与 $\ln[\ln(p_0/p)]$ 的统计关系

（3）氮气吸附法煤的分形维数计算结果

由表 4-5、表 4-6、表 4-7 和表 4-8 以及图 4-7、图 4-8、图 4-9 和图 4-10 可以计算出煤的微孔阶段分形维数。

液氮吸附法计算煤的微孔分形维数结果（表 4-9）显示,孔径范围为 2.03～

• 77 •

10.52 nm,$\ln[\ln(p_0/p)]$与 $\ln V$ 的相关性显著,4 个煤样的线性相关系数均大于 95%,说明煤微孔孔隙具有明显的分形特征,但以孔径 3.00 nm 为界,计算出的分形维数有所不同。

表 4-9　煤的分形维数计算结果(液氮吸附法)

煤样编号	孔径范围/nm	K	D	相关系数 R^2
1[#]	$2.03 \leqslant d < 3.02$	$-0.126\ 6$	$2.873\ 4$	$0.957\ 7$
	$3.02 \leqslant d \leqslant 10.52$	$-0.035\ 7$	$2.964\ 3$	$0.987\ 0$
2[#]	$2.03 \leqslant d < 3.01$	$-0.128\ 5$	$2.871\ 5$	$0.950\ 9$
	$3.01 \leqslant d \leqslant 10.52$	$-0.034\ 4$	$2.965\ 6$	$0.988\ 1$
3[#]	$2.08 \leqslant d < 2.96$	$-0.105\ 7$	$2.894\ 3$	$0.961\ 7$
	$2.96 \leqslant d \leqslant 10.02$	$-0.035\ 4$	$2.964\ 6$	$0.989\ 2$
4[#]	$2.03 \leqslant d < 2.95$	$-0.130\ 5$	$2.869\ 5$	$0.964\ 8$
	$2.95 \leqslant d \leqslant 9.58$	$-0.045\ 6$	$2.954\ 4$	$0.971\ 2$

4.2.5　煤的综合分形维数及其变化规律

由于甲烷分子和煤表面分子间的相互作用力,甲烷主要以物理吸附在煤内表面。而煤是一种多孔固体,其表面具有不均匀性。把分形几何中分形维数引进到多孔材料的研究中,可以定量描述和表征多孔固体表面的复杂结构和能量不均匀性。研究表明,几乎所有的高比表面积的固体都具有 2~3 的分形维数,分形维数越接近 2,则表面越光滑;分形维数越接近 3,表面越粗糙。可见,煤的分形维数与其孔隙结构的复杂性和表面积非均匀性有着重要的联系。

(1)煤的综合分形维数定义

在此把煤的不同孔径分布段对应的分形维数,按照比表面积比加权平均,称为煤的综合分形维数,记为 D_z,其计算公式如下[184]:

$$D_z = \sum_{i=1}^{n} D_i \times b_i \tag{4-6}$$

式中　D_z——煤的综合分形维数;

　　　i——第 i 孔径分布段,为正整数;

　　　b_i——第 i 个孔径分布段对应的孔比表面积比,%;

　　　D_i——第 i 个孔径分布段对应的煤分形维数;

　　　n——孔径分布段的个数,为正整数。

（2）煤的综合分形维数求解结果

根据 4.2.3 和 4.2.4 节的研究内容，可以得到孔径 $2 < d \leqslant 10$ nm、采用液氮吸附法求得分形维数，最后加权平均可计算出综合分形维数，结果见表 4-10。

表 4-10　煤的综合分形维数计算结果

煤样编号	孔径范围 /nm	D_i	比表面积 /(m²/g)	比表面积比 /%	D_z
1#	$2.03 \leqslant d < 3.02$	2.873 4	4.206	74.95	2.893 2
	$3.02 \leqslant d \leqslant 10.52$	2.964 3	1.372	24.95	
2#	$2.03 \leqslant d < 3.01$	2.871 5	4.499	71.76	2.957 7
	$3.01 \leqslant d \leqslant 10.52$	2.965 6	1.489	23.41	
3#	$2.08 \leqslant d < 2.96$	2.894 3	4.133 3	74.06	2.872 2
	$2.96 \leqslant d \leqslant 10.02$	2.964 6	1.371 8	24.58	
4#	$2.03 \leqslant d < 2.95$	2.869 5	4.228 3	75.37	2.885 4
	$2.95 \leqslant d \leqslant 9.58$	2.954 4	1.372 2	24.46	

（3）煤的综合分形维数变化规律

综合上述研究成果，统计了 4 个煤样的综合分形维数孔容、比表面积以及孔隙率等参数之间的关系，见表 4-11。

表 4-11　煤样的综合分形维数与比表面积、孔容以及孔隙率参数统计表

煤样编号	$R_{\max}^0 / \%$	微孔比表面积 /(m²/g)	微孔孔容 /(m³/g)	孔隙率/%	D_z
1#	2.12	5.612	0.007 1	6.62	2.893 2
2#	2.12	5.861	0.007 4	6.67	2.957 7
3#	2.10	5.581	0.006 8	7.33	2.872 2
4#	2.10	5.610	0.007 3	7.33	2.885 4

由表 4-11 中的数据可以绘制 4 个煤样的综合分形维数与微孔比表面积、微孔孔容以及孔隙率的统计关系图，分别如图 4-11、图 4-12 和图 4-13 所示。

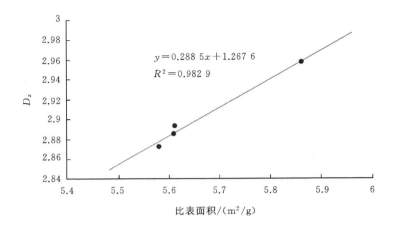

图 4-11　煤的综合分形维数与微孔比表面积的统计关系图

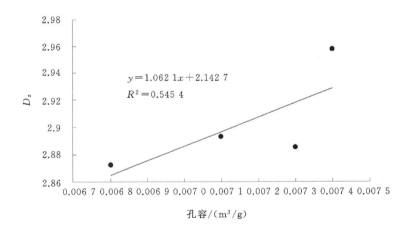

图 4-12　煤的综合分形维数与微孔孔容的统计关系图

　　结果显示(图 4-11～图 4-13):4 个煤样煤的综合分形维数随比表面积增大而增大,呈线性正相关关系;而 4 个煤样煤的综合分形维数和孔容、孔隙率的线性关系较差。

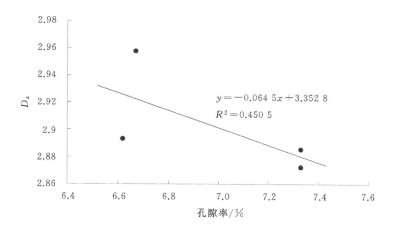

图 4-13 煤的综合分形维数与孔隙率的统计关系图

4.3 冷场发射扫描电镜实验

4.3.1 实验设备及工作原理

扫描电子显微镜观察图像效果具有立体感强、景深大、放大倍数高、分辨率强、可调性强等特点。它主要是利用产生的二次电子信号成像原理来观察样品的表面形态特征,当物质表面受到电子枪发射的高能电子轰击时,被激发的区域会产生俄歇电子、二次电子、特征 X 射线等一系列射线,并在可见光区域产生一些电磁辐射,电子束和样品之间发生相互作用而产生各种效应,激发出各种物理信号,这些信号最后由检测器接收,按顺序、按比例生成图像信号,这样就可以获取被测样品本身的各种信息,如形貌、组成、晶体结构等。扫描电子显微镜就是根据上述这些部件受激发产生不同信息的原理,使用检测器收集相应的信息,从而实现上述功能,其基本结构示意图如图 4-14 所示。

冷场发射扫描电镜与普通钨灯丝扫描电镜相比较,具有更高的放大倍数和分辨率,特别是在较低的加速电压下仍然具有很高的分辨率。因此,该仪器除了具备普通扫描电镜的功能外,更适用于煤的纳米级孔隙的观察和分析,特别是在低加速电压下可获得高分辨率的图像,可避免高能电子束辐照而引起样品的损伤。本次实验采用的是 JSM-7500F 型冷场发射扫描电子显微镜(图 4-15),最大放大倍数为 100 万倍,可以清楚地观察到纳米级的孔隙。工作原理简单说就是利用聚焦得非常细的高能电子束在样品上扫描,激发出各种物理信息。通过对这些信息的接收、放大和处理,并输送到显示器,以获得对样品表面形貌的观察和照相。

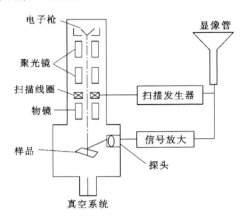

图 4-14 扫描电子显微镜结构示意图

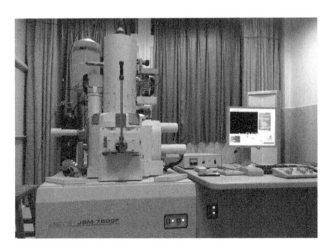

图 4-15 实验用冷场发射扫描电镜设备图

4.3.2 实验步骤

为了可以观察到天然煤样的孔隙分布情况,减少机械加工所造成的人为裂隙,采用小锤子轻敲的方式获取 $1\sim2$ cm³ 小煤块,然后沿层理将煤块变成小薄片,再把小薄片掰开成小块,用吹气球吹去表面的附着物,选取相对平整的自然断面小块作为待观察样品,然后对平行层理面和垂直层理面两个方向的样品做导电处理,通常是镀金膜,实验装置如图 4-16 所示。实验时要保证样品尽量平整,由于煤样在孔隙处比较脆弱,因此自然断面上的孔隙也较为完整,上机观察时要注意步骤、技巧和顺序,先在低倍下仔细观察后再提高倍数,放大倍数可由低到高,再由高到低,反复观察,以便弄清各种局部现象和整体的关系,不要一味地追求高倍数。本次实验是在样品上相对均匀地采集图像,以满足对整体孔隙分布情况的描述。

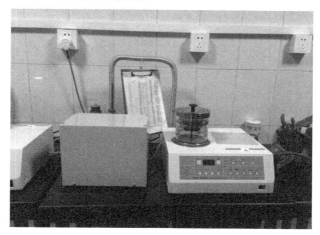

图 4-16 实验用样品制样喷金装置

4.3.3 实验结果及分析

本次对屯留矿($1^\#$、$2^\#$)和五阳矿($3^\#$、$4^\#$)四种煤样的顺平行层理和顺垂直层理两个方向的煤样进行了观察,每块煤样的观察分析结果如下:

(1)五阳矿平行层理方向观察结果如图 4-17 所示。

(2)五阳矿垂直层理方向观察结果如图 4-18 所示

(3)屯留矿平行层理方向观察结果如图 4-19 所示

(4)屯留矿垂直层理方向观察结果如图 4-20 所示

从图 4-17～图 4-20 可以看出,在平行层理方向上,煤的微孔隙结构主要由孔径 10～30 nm、长度不超过 100 μm、互相不连通的段状微裂隙,较均匀密麻分布的纳米级微孔和孔径在 10～100 nm 的小孔组成,存在个别孔径在 100 nm 以上、独立存在的大孔。屯留矿($1^\#$、$2^\#$)和五阳矿($3^\#$、$4^\#$)相比较,不连通的段状微裂隙分布更广。在垂直层理方向的扫描电镜图片中,五阳矿和屯留矿几乎没有发现段状微裂隙,只有一些独立的中孔和大孔存在。根据以上对平行和垂直层理面的观测结果,我们可以推测,观测煤样中的微裂隙都是以

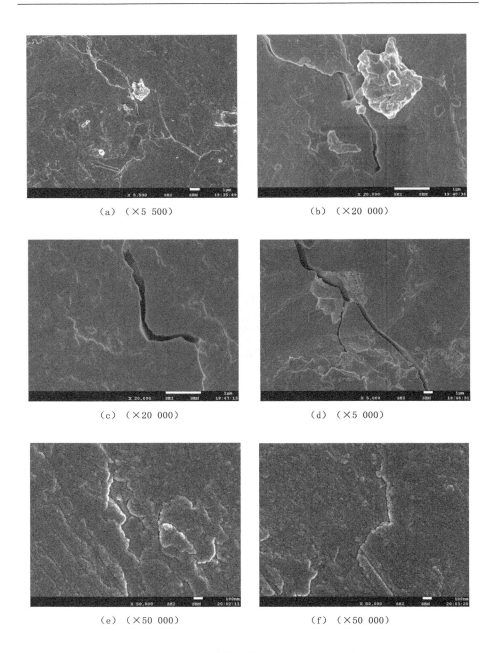

（a）（×5 500）

（b）（×20 000）

（c）（×20 000）

（d）（×5 000）

（e）（×50 000）

（f）（×50 000）

图 4-17　五阳矿 3# 煤电镜扫描图（平行层理方向）

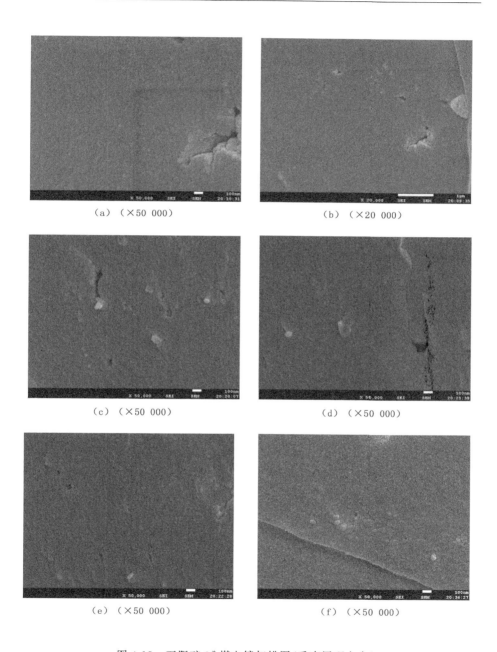

(a) (×50 000)

(b) (×20 000)

(c) (×50 000)

(d) (×50 000)

(e) (×50 000)

(f) (×50 000)

图 4-18 五阳矿 3# 煤电镜扫描图(垂直层理方向)

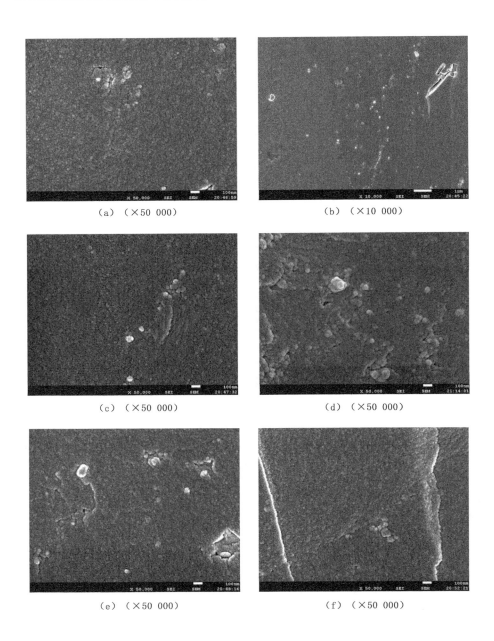

（a）（×50 000）　　　　　　　　（b）（×10 000）

（c）（×50 000）　　　　　　　　（d）（×50 000）

（e）（×50 000）　　　　　　　　（f）（×50 000）

图 4-19　屯留矿 3# 煤电镜扫描图（平行层理方向）

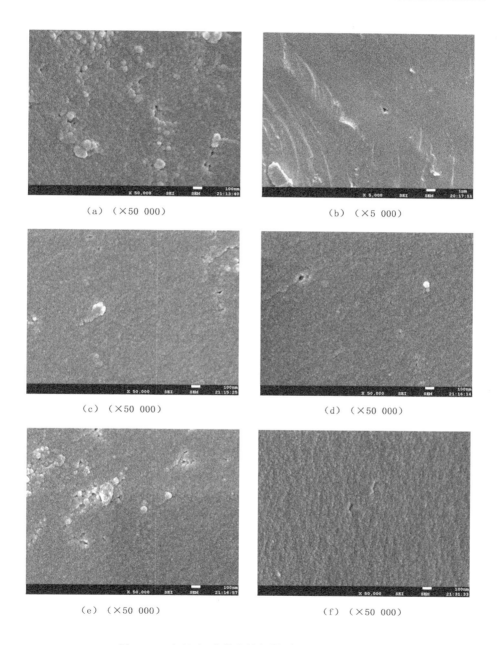

（a）（×50 000）　　　　　　　　　　（b）（×5 000）

（c）（×50 000）　　　　　　　　　　（d）（×50 000）

（e）（×50 000）　　　　　　　　　　（f）（×50 000）

图 4-20　屯留矿 3# 煤电镜扫描图（垂直层理方向）

近似平行层理方向的不规则分布,这些微裂隙投影到垂直层理面就是以孔的形式存在。这类孔隙结构不存在发生渗流的条件,在其中的运移方式主要以扩散为主。

4.3.4 基于图像处理技术的煤孔隙率研究

首先对利用冷场发射扫描电镜所观察到的煤孔隙图片进行二值化处理,统计二值化图片中的像素点,统计结果除以统计区域的总像素点数目,即可得到该照片所拍区域的孔隙率。由于距离的关系,孔隙处获得的信号较非孔隙处要暗。直观显示在图像上,即孔隙处的像素较暗,其灰度值较其周围像素的灰度值低。

对冷场电镜所拍摄的图片(图 4-21)的灰度分布进行分析,获得了如图 4-22 所示图像的直方图。由图 4-22 可知,图像灰度值主要分布在 60～140 之间,分布比较均匀,灰度值差别不大;直方图呈现为单峰,孔隙和非孔隙部分灰度值没有明显差异。因此,采用根据阈值进行图像分割的方法在现有图像上以期获得较好的结果。图 4-23 所示为使用阈值对图像进行二值分割的结果,其中阈值的选择依据最大类间差异准则(使用大津算法确定),在该结果中阈值自动选择为 0.392 2。获得图像中孔隙率为 55.651 6%,严重偏离了实际值,而且也与观察结果不一致。

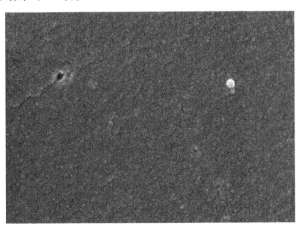

图 4-21 1# 煤样扫描电镜图(×50 000)

煤属于多孔介质,尤其微孔(<10 nm)含量大,具有非常大的比表面积,为了使以上特征更加清新,通常选择分形几何学中的"门杰海绵"(图 4-24)来模拟。它看起来好像立方体的架子,具有无穷大的表面积,但体积为零,其二

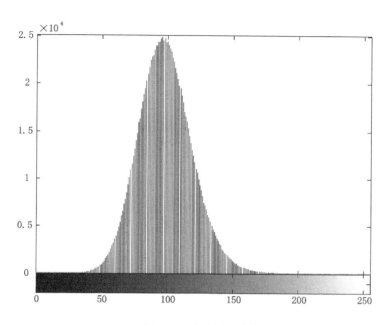

图 4-22　灰度直方图

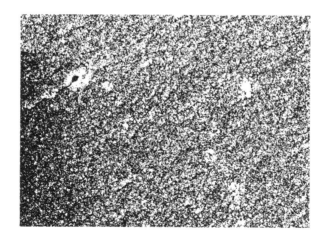

黑色表示孔隙区域；白色表示非孔隙区域。

图 4-23　基于阈值分割获得的孔隙分布图

维的形式就是"谢尔平斯基地毯"(图 4-25)。进行冷场发射电镜扫描拍摄时,由于距离的关系,孔隙处获得的信号较非孔隙处要暗。直观显示在图像上,即孔隙处的像素较暗,其灰度值较其周围像素的灰度值低。根据这个特点,在前人研究的基础上,我们提出利用检测图像局部极小值点的方法对孔隙的面积进行估计。

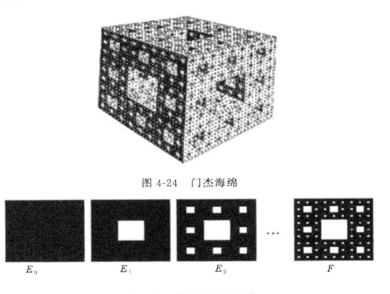

图 4-24　门杰海绵

E_0　　　　E_1　　　　E_2　　…　　F

图 4-25　谢尔平斯基地毯

具体方法为:

(1) 对图像中的每一个像素,以其为中心指定一个邻域(本例中指定以像素为中心的 3×3 邻域)。

(2) 统计该邻域内的最小值。

(3) 判断该像素是否是邻域内的最小值;如果是,则认为该像素是一个潜在的孔隙点,将该像素的值重新赋值为 1;如果不是,则该像素为非孔隙点,将该像素的值重新赋值为 0。

(4) 对所有像素处理完成后,即获得图像孔隙分布图,如图 4-26 所示,孔隙率为 6.303 1%。

(5) 对获得孔隙分布图进行修正。

在对检测结果观察过程中,发现现有方法可较为准确地检测出均匀分布的孔隙点,但对于较大的孔隙,如图 4-27 所示左侧框表示孔隙,不能完整地将

白色表示空隙。

图 4-26　使用局部最小值方法的孔隙分布图

整个孔隙检测出；对于图像中明显的非孔隙区域，如图 4-27 所示右侧框表示区域，不应检测出孔隙点。因此，在上述基础上，对算法进行了小的修改。根据图像的直方图，设定一个较小的阈值 T_1，灰度值小于 T_1 的像素直接认定为孔隙；设定一个较大的阈值 T_2，灰度值大于 T_2 的像素直接认定为非孔隙。在图 4-27 所示的图像中，$T_1 = 40$，图像中像素灰度值小于 40 的区域直接认定为孔隙；$T_2 = 170$，灰度值大于 170 的区域认定为非孔隙区域。对经修正后的算法进行测试，获得的孔隙率为 6.333 0%，孔隙分布图结果如图 4-28 所示。可以看出，图像中大面积的孔隙被检测出来，同时明显的非孔隙区域被排除。

图 4-27　孔隙分布原始图

图 4-28　修正后获得的孔隙分布图

通过对五阳矿和屯留矿煤样拍摄的电镜照片观察发现:两个矿的电镜照片具有相似的规律性,所以我们以五阳矿 3# 和 4# 煤样为例,分别选取有代表性的样品进行分析(图 4-29~图 4-32),最终修正后的分析结果如下:

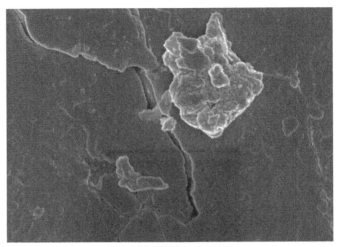

(a) 处理前照片(×20 000)

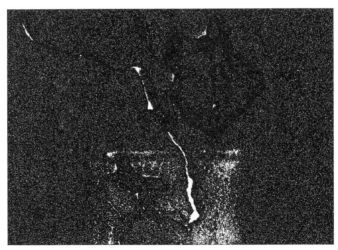

(b) 处理后照片

图 4-29 3# 煤样二值化处理前后对比图

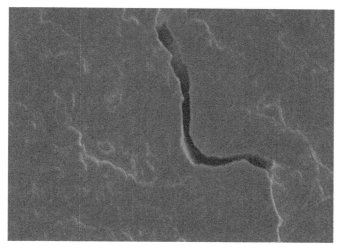

（a）处理前照片（×20 000）

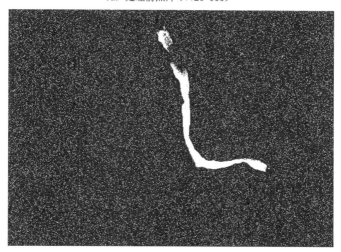

（b）处理后照片

图 4-30　3#煤样二值化处理前后对比图

从图 4-29～图 4-32 可以看出,微孔、小孔、中孔等孔隙均被计算机准确地捕捉。根据图片像素统计出的孔隙率见表 4-12,通过表中数据可以看出:平行层理方向煤样的孔隙率均明显大于垂直层理方向煤样的孔隙率,3#煤样经

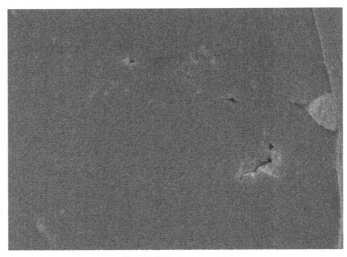

（a）处理前照片（×20 000）

（b）处理后照片

图 4-31　3#煤样二值化处理前后对比图

过图像处理技术统计出的孔隙率相比液氮实验所测的孔隙率，相似率均超过
81％，证明利用扫描电镜不但可以对煤样进行孔隙形态及分布情况定性的观
测，而且结合图片处理技术后还可以对煤样的孔隙率进行量化表征。

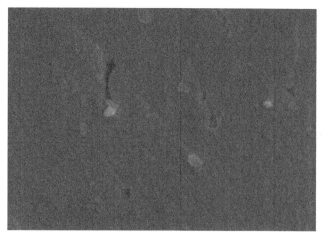

（a）处理前照片（×50 000 ）

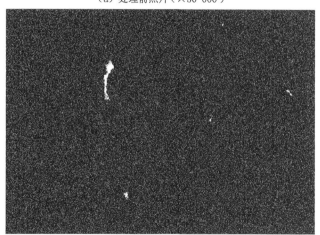

（b）处理后照片

图 4-32 3$^{\#}$ 煤样二值化处理前后对比图

表 4-12 基于图像处理技术的煤样孔隙率成果表

煤样编号	液氮所测孔隙率/%	图像处理统计孔隙率/%	相似率/%
3$^{\#}$	7.33	7.77	94.34
3$^{\#}$	7.33	8.11	90.38
4$^{\#}$	7.33	6.01	81.99
4$^{\#}$	7.33	6.49	88.54

4.3.5　煤的微观扩散孔隙几何模型研究

煤是一种双孔隙材料,由基质孔隙和裂隙组成。煤基质孔隙是煤基质块单元中未被固态物质充填的空间,我们将其称之为孔隙,根据孔隙的形态将其分为连通空隙、段状连通孔隙和独立孔隙,它是瓦斯赋存的主要空间,同时也是瓦斯扩散的主要通道;裂隙是煤自然形成的裂缝,一般呈多组出现,并组成多个裂隙体系,它是瓦斯渗流的主要通道。

在前人研究的基础上,结合液氮吸附实验和冷场发射扫描电镜观察的结果,我们建立了研究区煤的微观扩散孔隙几何模型(图 4-33),为更好地发现和揭示煤中扩散规律及其控制机理奠定基础。

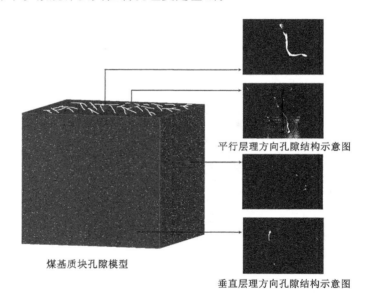

平行层理方向孔隙结构示意图

煤基质块孔隙模型

垂直层理方向孔隙结构示意图

图 4-33　研究区煤的微观扩散孔隙几何模型

4.4　本章小结

(1) 按照低温液氮吸附回线分析,研究区贫煤煤样的吸附-解吸分支在较宽压力范围内呈现水平状且相互平行,与Ⅰ型吸附等温线的特征相吻合,表明煤中存在大量微孔。其中,1$^{\#}$煤样总孔容为 0.007 1 mL/g,微孔为主,占52.49%,占总孔容 50%以上;其次为过渡孔,占 29.56%;中孔占据 17.95%。

煤样中微孔和过渡孔占绝大部分,中孔也占有一定数量。2#煤样总孔容为0.007 4 mL/g,以微孔为主,占50.39%;其次为过渡孔,占33.42%;中孔所占比例最小,为16.19%。3#煤样总孔容为0.006 8 mL/g,以微孔为主,占45.59%;其次为过渡孔,占30.88%;中孔占比最小。4#煤样总孔容为0.007 3 mL/g,以微孔为主,占45.21%;其次为过渡孔,占31.51%;中孔占比最小,占23.29%。分析结果表明,高煤阶贫煤以微孔为主,占总孔容的45%以上,其次为过渡孔,中孔占比最小,微孔增加提高了总孔容,体现了高煤阶孔容分布的显著特点。

(2)液氮吸附所测孔隙比表面积结果显示,1#煤样孔隙比表面积为5.612 m²/g,微孔比表面积占总孔比表面积的92.11%,即贫煤的孔比表面积主要集中在微孔;中孔比表面积所占最小,仅占0.57%;过渡孔比表面积占7.32%。2#煤样孔隙比表面积为5.861 m²/g,微孔比表面积比为92.68%,所占最多;其次为过渡孔,比表面积比为6.81%;中孔所占比表面积最小,为0.51%。3#煤样孔隙比表面积为5.581 m²/g,比表面积主要集中分布于微孔,为91.79%;其次为过渡孔,为7.54%;中孔比表面积所占比例最少。4#煤样孔隙比表面积为5.610 m²/g,比表面积主要分布于微孔,占91.75%;其次为过渡孔,占7.63%;中孔的比表面积所占比例较少。结果表明,高煤阶贫煤明显以微孔比表面积占绝对优势。

(3)根据液氮吸附实验结果,高煤阶贫煤微孔阶段孔比表面积占90%以上,微孔对甲烷的吸附、解吸、扩散起决定性作用,对吸附法所测微孔阶段(10 nm>ϕ>2 nm)的分形特征进行了分析,在孔径范围2.03~10.52 nm之间,ln[ln(p_0/p)]与ln V 的线性相关性显著,相关系数均大于95%,煤微孔阶段具有明显的分形特征,但以孔径3.00 nm为界,计算出的分形维数不同。

(4)利用不同孔径段对应的分形维数,按照各孔径段比表面积比加权平均,计算了煤的综合分形维数。统计了4个煤样的综合分形维数与微孔比表面积、微孔孔容以及孔隙率的关系。结果表明,4个煤样煤的综合分形维数随微孔比表面积增大而增大,呈线性正相关关系;而4个煤样煤的综合分形维数和微孔孔容、孔隙率没有明显的线性关系。

(5)采用冷场发射扫描电镜对4种煤样的顺平行层理和顺垂直层理两个方向的煤样进行了观察。结果显示,在平行层理方向上,煤的孔隙结构主要由孔径10~30 nm、长度不超过100 μm的段状连通孔隙和孤立孔隙组成,存在个别孔径在100 μm以上、独立存在的大孔;在垂直层理方向中,未发现段状连通孔隙,仅存在一些独立的中孔和大孔。结果表明,煤样中的微裂隙都是以近似平行层理方向不规则分布,这些微裂隙投影到垂直层理面就是以独立孔隙的形式存在。这类孔隙结构不存在发生渗流的条件,在其中的运移方式主要以扩散为主。

(6)利用计算机图像处理技术对煤的孔隙率进行了定量表征,发现平行层理方向孔隙率均明显大于垂直层理方向孔隙率。经过图像处理技术统计出的孔隙率与液氮实验所测的孔隙率对比,精度超过 81%,证明了利用冷场发射扫描电镜不但可以对煤样孔隙形态及分布情况进行定性观测,而且结合照片处理技术后还可以对煤样的孔隙率进行定量化表征。

(7)结合液氮吸附实验和冷场发射扫描电镜观察的结果,建立了煤基质块微观扩散孔隙几何模型。

第 5 章　煤中 CH₄ 扩散特征及其控制机理

　　研究煤中 CH₄ 的扩散特性,扩散系数是一个重要参数指标,具有很强的实用性,因此得到广泛的应用。煤中的扩散系数主要由解吸法和规则块样结合气相色谱法两种方法获取。解吸法只能对煤屑的扩散特征进行表征,因此具有很大的局限性,如果从煤屑中扩散出的 CH₄ 不具备渗流条件,这些扩散出的 CH₄ 还要继续在扩散孔隙中进行扩散运移,对这种扩散过程特征的描述,解吸法是无法实现的。规则块样结合气相色谱法很好地填补了这个空白,并且可以对煤柱的扩散特征进行表征;但是这种实验难度大、时间长,所以以往在这方面的实验数据较少。本章采用规则块样结合气相色谱法对研究区煤中 CH₄ 的扩散特征展开系统的物理模拟实验研究,在测试结果的基础上进行理论分析,探寻煤中 CH₄ 扩散规律及其控制机理[235-237]。

5.1　煤中 CH₄ 扩散实验与结果

5.1.1　实验原理及装置

　　根据在浓度梯度下通过岩样自由扩散原理,在煤岩样两端的扩散室中,一端充入 CH₄,另一端充入 N₂,始终保持两端没有压力差,在额定的温压条件下,各组分浓度随时间而变化,通过测试在不同时间两扩散室内各组分的浓度,可求得 CH₄ 和 N₂ 在煤样中的扩散系数,实验过程示意图如图 5-1 所示。

　　本实验测量装置包括:

　　(1) TK-1 型天然气扩散测量装置主体系统;

　　(2) GC-2014 型气相色谱分析仪;

　　(3) 取气瓶。

　　其中,TK-1 型天然气扩散测量装置主体系统是本实验的核心装置,其原理如图 5-1 所示,由岩芯夹持器、环压系统、供气系统、抽真空系统和恒温控制系统组成。岩芯夹持器用来为被测岩芯提供一个模拟地层环境的场所,环压系统为岩芯实验提供需要的压力,恒温控制系统为岩芯实验提供需要的温度,

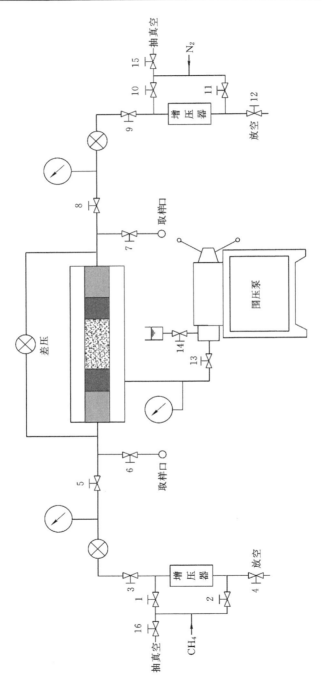

图5-1 扩散实验装置示意图

供气系统为岩芯天然气扩散系数测量的两个室分别提供 CH₄ 和 N₂，抽空系统为岩芯实验两个室在未通入时提供真空环境。图 5-2 所示为实验装置实物图。

（a）TK-1 型天然气扩散测量装置

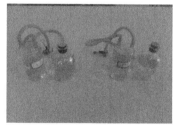

（b）GC-2014 型气相色谱分析仪　　　　（c）取气瓶

图 5-2　实验装置实物图

5.1.2　实验步骤和样品制备

将待测煤样装入恒定温度下的岩芯夹持器中，安装和固定好气室和管线，然后施加给定的环境压力。用抽空机对两个气室进行抽真空，将等压力的高纯 CH₄、N₂ 同时分别充入岩芯薄片两侧的气室内，调节两个气室内的压力到设计压力，然后关闭气室上的出、入高压阀门，扩散开始进行。一定时间后，对两个气室内用排气取气法取样,进行气相色谱分析。待检测出已经扩散,则排空气室,改变实验条件设置,进行新条件下的扩散系数测量;否则,继续进行扩散。实验流程如图5-3所示。

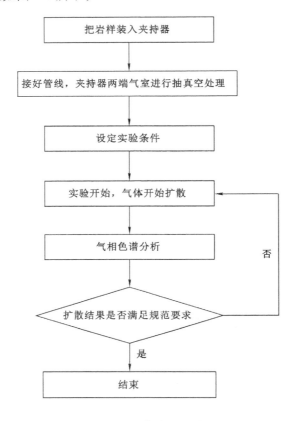

图 5-3　实验流程图

　　实验样品的制备是将煤样加工成一定厚度的规则柱塞形状的小煤柱,主要包括岩芯取芯、岩芯切割、岩芯端面加工三个环节。其过程及阶段成果如图5-4所示。根据实验样品尺寸较小而且煤中有裂隙发育的特点,在采集煤样上选取没有裂隙发育的位置用钻机钻取直径为 25 mm 的小煤柱,煤柱不能太低,否则在高围压状态下容易被压碎,煤柱也不能太高,否则扩散实验的时间会太长,最终实验用煤柱的高度需要使用煤柱由低到高反复实验,最终确定合理的高度。

（a）岩芯取芯

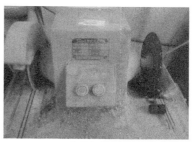
（b）岩芯切割

（c）岩芯端面加工

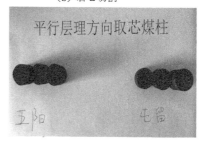
（d）平行层理方向实验用小煤柱

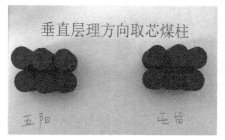
（e）垂直层理方向实验用小煤柱

图 5-4　岩芯预处理及阶段成果图

5.1.3　实验条件

依据实验区煤层所处的地应力、温度及储层压力等实际地层条件，结合实验装置的敏感性和煤样的耐压情况，最终确定的实验条件见表 5-1、表 5-2。

表 5-1　五阳矿扩散实验条件表

样品号	围压/MPa	温度/℃	气压/MPa
CZ1	21.00	24.00	6.60
CZ1	21.00	24.00	8.60

表 5-1（续）

样品号	围压/MPa	温度/℃	气压/MPa
CZ1	21.00	24.00	10.60
CZ1	21.00	24.00	12.60
CZ2	18.50	21.00	5.80
CZ2	15.00	21.00	5.80
CZ2	11.50	21.00	5.80
CZ2	8.00	21.00	5.80
CZ3	16.00	18.00	4.90
CZ3	16.00	28.00	4.90
CZ3	16.00	38.00	4.90
CZ3	16.00	48.00	4.90
PX1	21.00	24.00	6.60
PX2	18.50	21.00	5.80
PX3	16.00	18.00	4.90

注：CZ 代表垂直层理方向钻取的样品，PX 代表平行层理方向钻取的样品。

表 5-2　屯留矿扩散实验条件表

样品号	围压/MPa	温度/℃	气压/MPa
CZ4	21.00	24.00	6.60
CZ4	21.00	24.00	8.60
CZ4	21.00	24.00	10.60
CZ4	21.00	24.00	12.60
CZ5	18.50	21.00	5.80
CZ5	15.00	21.00	5.80
CZ5	11.50	21.00	5.80
CZ5	8.00	21.00	5.80
CZ6	16.00	18.00	4.90
CZ6	16.00	28.00	4.90
CZ6	16.00	38.00	4.90
CZ6	16.00	48.00	4.90
PX4	21.00	24.00	6.60
PX5	18.50	21.00	5.80
PX6	16.00	18.00	4.90

注：CZ 代表垂直层理方向钻取的样品，PX 代表平行层理方向钻取的样品。

5.1.4　实验原始数据

依据中华人民共和国石油天然气行业标准和《岩石中烃类气体扩散系数测定方法》(SY/T 6129—2016)对加工好的样品进行了扩散实验物理模拟,实验原始数据表见表 5-3。

表 5-3　煤中 CH₄ 扩散实验原始数据表

序号	样品号	围压/MPa	温度/℃	气压/MPa	CH₄室浓度		N₂室浓度	
					CH₄/%	N₂/%	CH₄/%	N₂/%
1	CZ1	21.00	24.00	6.60	97.68	2.32	0.77	99.23
2	CZ1	21.00	24.00	8.60	98.18	1.82	1.26	98.74
3	CZ1	21.00	24.00	10.60	99.18	0.82	0.80	99.20
4	CZ1	21.00	24.00	12.60	98.98	1.02	0.65	99.35
5	CZ2	18.50	21.00	5.80	99.87	0.13	0.10	99.90
6	CZ2	15.00	21.00	5.80	99.55	0.45	0.066	99.93
7	CZ2	11.50	21.00	5.80	99.23	0.77	0.26	99.74
8	CZ2	8.00	21.00	5.80	99.20	0.80	0.15	99.85
9	CZ3	16.00	18.00	4.90	99.90	0.10	0.02	99.98
10	CZ3	16.00	28.00	4.90	99.92	0.08	0.07	99.93
11	CZ3	16.00	38.00	4.90	99.85	0.15	0.04	99.96
12	CZ3	16.00	48.00	4.90	99.82	0.18	0.08	99.92
13	PX1	21.00	24.00	6.60	96.86	3.14	3.98	96.02
14	PX2	18.50	21.00	5.80	95.51	4.49	5.75	94.25
15	PX3	16.00	18.00	4.90	97.42	2.58	3.91	96.09
16	CZ4	21.00	24.00	6.60	99.81	0.19	0.09	99.90
17	CZ4	21.00	24.00	8.60	99.89	0.11	0.07	99.92
18	CZ4	21.00	24.00	10.60	99.84	0.16	0.03	99.97
19	CZ4	21.00	24.00	12.60	99.88	0.12	0.05	99.95
20	CZ5	18.50	21.00	5.80	99.86	0.14	0.06	99.94
21	CZ5	15.00	21.00	5.80	99.85	0.14	0.30	99.70
22	CZ5	11.50	21.00	5.80	99.70	0.30	0.59	99.41
23	CZ5	8.00	21.00	5.80	99.65	0.35	0.56	99.44
24	CZ6	16.00	18.00	4.90	99.91	0.09	0.05	99.95

表 5-3(续)

序号	样品号	围压/MPa	温度/℃	气压/MPa	CH₄室浓度		N₂室浓度	
					CH_4/%	N_2/%	CH_4/%	N_2/%
25	CZ6	16.00	28.00	4.90	99.89	0.11	0.05	99.95
26	CZ6	16.00	38.00	4.90	99.87	0.13	0.06	99.94
27	CZ6	16.00	48.00	4.90	99.84	0.16	0.14	99.86
28	PX4	21.00	24.00	6.60	98.39	1.61	3.03	96.97
29	PX5	18.50	21.00	5.80	97.87	2.13	5.80	94.19
30	PX6	16.00	18.00	4.90	96.37	3.63	5.97	94.03

5.1.5 扩散系数计算

衡量煤的瓦斯扩散能力的重要参数是扩散系数 D,若单位时间内通过单位面积的扩散速度与浓度梯度成正比,扩散速度仅取决于距离,与时间无关,则称为(准)稳态扩散,遵循 Fick 第一定律。若煤层甲烷的扩散通量既随时间变化又随距离变化,则称为非稳态扩散,用 Fick 第二定律来描述[144,236]。

若孔片两端的浓度差是 C,小孔平均长度为 h,孔片的有效面积为 A,则由 Fick 第二定律可以得到扩散系数为:

$$D = \frac{h}{AC}\frac{\mathrm{d}n}{\mathrm{d}t} \tag{5-1}$$

因此,实验中 CH_4 气体扩散系数应采用 Fick 第二定律进行计算:

$$D = \frac{\ln(\Delta C_0/\Delta C_i)}{B(t_i - t_0)} \tag{5-2}$$

其中

$$\Delta C_i = C_{1i} - C_{2i}, \quad B = A(1/V_1 + 1/V_2)L$$

式中　D——烃类气体在煤样中的扩散系数,cm²/s;

　　　ΔC_0——初始时刻烃类气体在两扩散室中的浓度差,%;

　　　ΔC_i——i 时刻烃类气体在两扩散室中的浓度差,%;

　　　t_i——i 时刻,s;

　　　t_0——初始时刻,s;

　　　C_{1i}——i 时刻烃类气体在烃扩散室中的浓度,%;

　　　C_{2i}——i 时刻烃类气体在氮扩散室中的浓度,%;

　　　A——煤样的截面积,cm²;

　　　L——煤样的长度,cm;

V_1、V_2——烃扩散室和氮扩散室的容积，cm^3。

不同实验条件下 CH_4 在煤中的扩散系数结果见表 5-4 和表 5-5。可见采用规则块样结合气相色谱法所测原煤的 CH_4 扩散系数基本处于 $10^{-7} \sim 10^{-8}$ 数量级上，该方法较颗粒煤解吸实验更能准确测定原煤的扩散速率。

表 5-4　不同实验条件下煤中 CH_4 扩散系数结果表（五阳矿）

序号	样品号	实验条件			CH_4扩散系数 /(cm^2/s)
		围压/MPa	温度/℃	气压/MPa	
1	CZ1	21.00	24.00	6.60	2.03E-08
2	CZ1	21.00	24.00	8.60	1.38E-08
3	CZ1	21.00	24.00	10.60	1.16E-08
4	CZ1	21.00	24.00	12.60	1.06E-08
5	CZ2	18.50	21.00	5.80	1.14E-08
6	CZ2	15.00	21.00	5.80	2.64E-08
7	CZ2	11.50	21.00	5.80	4.56E-08
8	CZ2	8.00	21.00	5.80	8.14E-08
9	CZ3	16.00	18.00	4.90	1.13E-08
10	CZ3	16.00	28.00	4.90	1.37E-08
11	CZ3	16.00	38.00	4.90	1.65E-08
12	CZ3	16.00	48.00	4.90	2.13E-08
13	PX1	21.00	24.00	6.60	3.88E-07
14	PX2	18.50	21.00	5.80	4.88E-07
15	PX3	16.00	18.00	4.90	6.41E-07

表 5-5　不同实验条件下煤中 CH_4 扩散系数结果表（屯留矿）

序号	样品号	实验条件			CH_4扩散系数 /(cm^2/s)
		围压/MPa	温度/℃	气压/MPa	
1	CZ4	21.00	24.00	6.60	1.99E-08
2	CZ4	21.00	24.00	8.60	1.37E-08
3	CZ4	21.00	24.00	10.60	1.13E-08
4	CZ4	21.00	24.00	12.60	1.08E-08
5	CZ5	18.50	21.00	5.80	1.13E-08

表 5-5(续)

序号	样品号	实验条件			CH₄扩散系数
		围压/MPa	温度/℃	气压/MPa	/(cm²/s)
6	CZ5	15.00	21.00	5.80	2.77E-08
7	CZ5	11.50	21.00	5.80	3.99E-08
8	CZ5	8.00	21.00	5.80	6.24E-08
9	CZ6	16.00	18.00	4.90	0.98E-08
10	CZ6	16.00	28.00	4.90	1.27E-08
11	CZ6	16.00	38.00	4.90	1.51E-08
12	CZ6	16.00	48.00	4.90	2.13E-08
13	PX4	21.00	24.00	6.60	2.99E-07
14	PX5	18.50	21.00	5.80	4.56E-07
15	PX6	16.00	18.00	4.90	6.08E-07

5.2 煤中 CH₄ 扩散规律

5.2.1 不同孔隙特征条件下煤中 CH₄ 扩散规律

在相同温度、气压和围压,不同孔隙特征条件下,我们进行了煤中 CH₄ 的扩散实验。通过第 2 章煤的基础参数测试分析可知,实验使用的两种煤样都为高煤阶贫煤,其镜质组反射率、显微组分、密度等基础参数基本相同。由第 4 章煤的孔隙性特征研究可知:两个矿的孔隙特征具有相似性的同时也具有一定的差异性;五阳矿所测煤样的平均孔隙率为 7.33%,平均微孔孔容占总孔容的45.4%,平均微孔孔比表面积占总比表面积的 91.77%,平均综合分形维数为2.88;屯留矿所测煤样的平均孔隙率为 6.65%,平均微孔孔容占总孔容的51.44%,平均微孔孔比表面积占总比表面积的 92.4%,平均综合分形维数为2.95。经分析可知,五阳矿煤的平均孔隙率大于屯留矿,平均微孔孔容占总孔容的比例、平均微孔孔比表面积占总比表面积的比例和平均综合分形维数均小于屯留矿。

依据表 5-4 和表 5-5 中煤中 CH₄ 所测得的扩散系数数据,在特定温度、围压、气压条件下,我们分别对两个矿平行层理方向取的煤样 12 组扩散系数数据和垂直层理方向取的煤样 3 组扩散系数数据分别进行了比对,并绘制了扩散系数与煤样孔隙特征之间关系图(图 5-5)。从图 5-5(a)中可也看出:12 组扩散系数比对中,五阳矿有 10 组大于屯留矿,2 组略小于屯留矿;从图 5-5(b)

中可看出:3 组扩散系数比对中,五阳矿均大于屯留矿。结果表明,随着孔隙率的增大,平均微孔孔容占总孔容的比例、平均微孔孔比表面积占总比表面积的比例和平均综合分形维数减小,扩散系数大致呈现出逐渐增大的趋势。

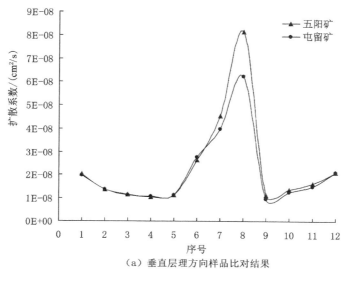

（a）垂直层理方向样品比对结果

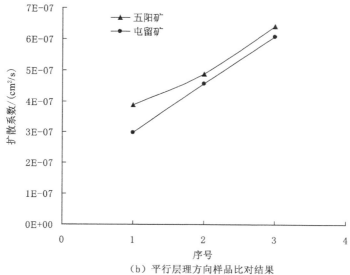

（b）平行层理方向样品比对结果

图 5-5　不同孔隙特征与扩散系数的关系图

5.2.2　不同扩散路径条件下煤中 CH$_4$ 扩散规律

在温度、围压、气压都相同的情况下，对平行层理和垂直层理两个方向取的煤样分别进行了实验，实验数据见表 5-6，并绘制了扩散系数与取样方向之间的关系图，如图 5-6 所示。实验表明：三种煤样在温度、围压、气压都相同的情况下，平行层理钻取煤柱中 CH$_4$ 所测的扩散系数均远远大于垂直层理方向钻取煤柱中的扩散系数，样品 1 平行层理钻取煤柱中 CH$_4$ 所测的扩散系数是垂直层理方向钻取煤柱扩散系数的 19.18 倍；样品 2 平行层理钻取煤柱中 CH$_4$ 所测的扩散系数是垂直层理方向钻取煤柱扩散系数的 42.79 倍；样品 3 平行层理钻取煤柱中 CH$_4$ 所测的扩散系数是垂直层理方向钻取煤柱扩散系数的 83.07 倍；样品 4 平行层理钻取煤柱中 CH$_4$ 所测的扩散系数是垂直层理方向钻取煤柱扩散系数的 15.01 倍；样品 5 平行层理钻取煤柱中 CH$_4$ 所测的扩散系数是垂直层理方向钻取煤柱扩散系数的 40.38 倍，样品 6 平行层理钻取煤柱中 CH$_4$ 所测的扩散系数是垂直层理方向钻取煤柱扩散系数的 82.11 倍，表明了煤体中 CH$_4$ 具有方向性的扩散特征，不同的扩散运移方向对应不同的扩散系数。

表 5-6　不同方向钻取煤样中 CH$_4$ 的扩散系数结果表

序号	样品号	实验条件			甲烷扩散系数
		围压/MPa	温度/℃	气压//MPa	/(cm^2/s)
1	CZ1	21.00	24.00	6.60	2.03E-08
2	CZ2	18.50	21.00	5.80	1.14E-08
3	CZ3	16.00	18.00	4.90	1.13E-08
4	CZ4	21.00	24.00	6.60	1.99E-08
5	CZ5	18.50	21.00	5.80	1.13E-08
6	CZ6	16.00	18.00	4.90	0.98E-08
7	PX1	21.00	24.00	6.60	3.88E-07
8	PX2	18.50	21.00	5.80	4.88E-07
9	PX3	16.00	18.00	4.90	9.41E-07
10	PX4	21.00	24.00	6.60	2.99E-07
11	PX5	18.50	21.00	5.80	4.56E-07
12	PX6	16.00	18.00	4.90	8.08E-07

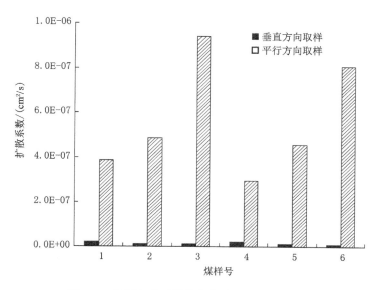

图 5-6　相同条件下煤的各向异性扩散特性图

5.2.3　不同围压条件下煤中 CH₄ 扩散规律

　　在温度、气压等条件都相同的情况下,我们通过改变围压进行了煤中 CH₄ 的扩散实验。以往对煤的瓦斯扩散实验主要是采用经粉碎后的煤屑通过解吸实验间接得到的结果,只能将温度、气压、煤样含水量等作为影响因素,无法模拟地应力对扩散特征的影响,扩散系数与地应力之间的数学关系国内外均未见报道。在此次实验中,围压可以真实模拟煤储层的地应力状态,温度可以模拟煤的储层温度,气压可以模拟煤的储层压力,真实模拟煤储层所处的温度、储层压力、地应力条件,探寻煤储层中地应力对瓦斯扩散系数的影响规律。本次研究共测定在相同的温度和气压、4 个不同围压条件下的煤中 CH₄ 的扩散系数。根据表 5-4 和表 5-5 中的数据,绘制了扩散系数与围压之间的关系图,如图 5-7 所示。根据表 5-4、表 5-5 和图 5-7,在相同的温度和气压条件下,随着围压的增加,所测得煤样 CZ2 中 CH₄ 的扩散系数有 3 个大于煤样 CZ5,1 个小于煤样 CZ5,两个煤样所测的扩散系数都呈逐渐下降的趋势,并且下降的速度略微变缓。由于煤体强度低,只有增加岩芯长度才能抵抗高围压,增加岩芯长度会增加实验时间,在实验煤样不破坏的情况下,此次实验围压进行极限的 21 MPa,未出现下降速度明显变缓的拐点。

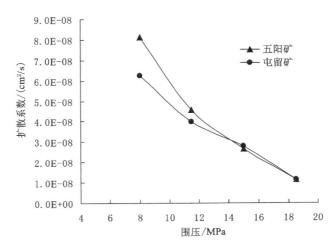

图 5-7 恒定温度、气压及不同围压条件下煤中 CH_4 扩散特性图

孔隙有效应力是指围压和孔隙压力的差值,根据表 5-4 和表 5-5 中的数据,经计算我们得到了孔隙有效应力,它与扩散系数的关系见表 5-7 和图 5-8,随着孔隙有效应力从 2.2 MPa 增加到 12.7 MPa,两个煤样 CH_4 的扩散系数减少的幅度均超过了压力增加的幅度,样品 CZ2 从 $8.138\,72\times10^{-8}$ cm^2/s 减少到了 $1.139\,93\times10^{-8}$ cm^2/s,样品 CZ5 从 $6.236\,58\times10^{-8}$ cm^2/s 减少到了 $1.129\,88\times10^{-8}$ cm^2/s,表明煤中 CH_4 的扩散系数对有效应力较为敏感。

表 5-7 不同孔隙有效应力条件下煤中 CH_4 扩散系数结果表

序号	样品号	实验条件			有效应力 /MPa	甲烷扩散系数 /(cm²/s)
		围压/MPa	温度/℃	气压/MPa		
1	CZ2	18.5	21	5.8	12.7	1.14E-08
2	CZ2	15.0	21	5.8	9.2	2.64E-08
3	CZ2	11.5	21	5.8	5.7	4.56E-08
4	CZ2	8.0	21	5.8	2.2	8.14E-08
5	CZ5	18.5	21	5.8	12.7	1.13E-08
6	CZ5	15.0	21	5.8	9.2	2.77E-08
7	CZ5	11.5	21	5.8	5.7	3.99E-08
8	CZ5	8.0	21	5.8	2.2	6.24E-08

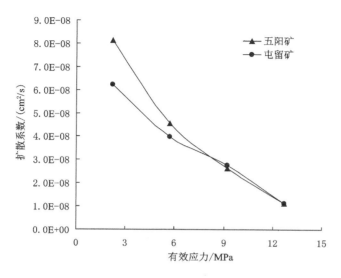

图 5-8　恒定温度、气压条件下有效应力与煤中 CH₄ 扩散系数关系图

5.2.4　不同气压条件下煤中 CH₄ 扩散规律

在温度、围压等条件都相同的情况下,我们通过改变气压进行了煤中 CH₄ 的扩散实验。根据表 5-4 和表 5-5 中的数据,绘制了扩散系数与气压之间关系图,如图 5-9 所示。根据图 5-9,在相同的温度和围压条件下,随着气压从 6.6 MPa 增加到 12.6 MPa,所测的两个煤样中 CH₄ 的扩散系数的变化规律相同,所测得煤样 CZ2 中 CH₄ 的扩散系数有 3 个大于煤样 CZ5,1 个小于煤样 CZ5,都呈逐渐下降的趋势,煤样 CZ1 测得的扩散系数从 $2.025\ 45\times10^{-8}$ cm^2/s 减少到 $1.061\ 43\times10^{-8}$ cm^2/s,煤样 CZ4 测得的扩散系数从 $1.989\ 66\times10^{-8}$ cm^2/s 减少到 $1.078\ 24\times10^{-8}$ cm^2/s,并且下降的速度明显变缓。

5.2.5　不同温度条件下煤中 CH₄ 扩散规律

在气压、围压等条件都相同的情况下,我们通过改变温度进行了煤中 CH₄ 的扩散实验。根据表 5-4 和表 5-5 中的数据,绘制了扩散系数与温度之间关系图,如图 5-10 所示。根据图 5-10,在相同的气压和围压条件下,随着温度从 18 ℃ 增加到 48 ℃,所测的两个煤样中 CH₄ 的扩散系数的变化规律相同,都呈逐渐上升的趋势,并且上升的速度略有上升。所测得煤样 CZ3 中 CH₄ 的扩散系数均大于煤样 CZ6,都呈逐渐上升的趋势,煤样 CZ3 测得的扩散系数从 $1.132\ 43\times10^{-8}$ cm^2/s 增加到 $2.126\ 5\times10^{-8}$ cm^2/s,煤样 CZ6 测得的扩散系数从 $0.983\ 66\times10^{-8}$ cm^2/s 增加到 $2.126\ 36\times10^{-8}$ cm^2/s。

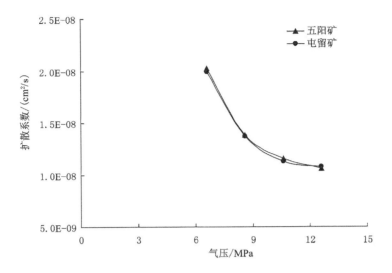

图 5-9　恒定温度、围压及不同气压条件下煤中 CH_4 扩散特性图

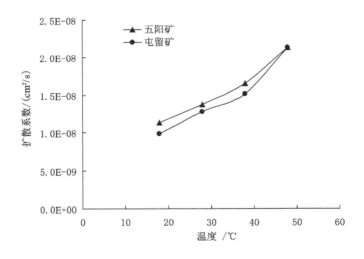

图 5-10　恒定围压、气压及不同温度条件下煤中 CH_4 扩散特性图

5.3　煤中 CH₄ 扩散控制机理

5.3.1　孔隙结构对煤中 CH₄ 扩散的控制机理

沁水盆地晚古生代以来,盆地经历了海西期、印支期、燕山期和喜马拉雅期的构造运动,煤层受到不同程度的改造,在构造应力及盆地抬升卸压的综合作用下,煤层产生了大量裂隙,但是我们此次的煤中 CH₄ 的扩散物理模拟实验在选择试样样品时避开了裂隙的影响,主要研究不受裂隙影响下的煤基质块的扩散特性,主要揭示煤的微观孔隙对煤中 CH₄ 扩散的影响[238]。

实验使用的两种煤样的基础参数基本相同,孔隙特征具有很高相似性的同时也表现出一定的差异性。在相同特定的温度、气压和围压条件下,我们将两种煤样共 15 组实验中所得到的煤中 CH₄ 的扩散系数进行了比对,发现平均孔隙率高,平均微孔孔容占总孔容的比例、平均微孔孔比表面积占总比表面积的比例和平均综合分形维数低的煤样中 CH₄ 的扩散系数普遍偏高。平均微孔孔容占总孔容的比例、平均微孔孔比表面积占总比表面积的比例和平均综合分形维数高意味着煤中微孔和不透气孔所占的比例高,中孔、大孔和开放透气性孔所占比例低。分子自由程相同时,孔径由小到大依次发生晶体扩散、克努森型扩散、过渡型扩散和菲克型扩散,由于煤中孔隙由微孔、小孔、中孔和大孔组成,煤中 CH₄ 扩散时几种扩散类型会同时发生,但最终扩散速度受速度较快的菲克型和过渡型扩散所控制,也就是受较大孔隙的比例及其连通性所控制[239]。

5.3.2　扩散路径对煤中 CH₄ 扩散的控制机理

（1）扩散系数的矢量性特征

此次实验分别在垂直层理方向和平行层理方向上钻取了小煤柱样品,所以在扩散路径上也分为垂直层理扩散和平行层理扩散两种不同方向的扩散路径,依据第 3 章所建立的煤基质块物理模型绘制了扩散运移示意图,如图 5-11 所示,图中曲线表示煤样中连通的段状微孔隙。

此次实验当中,平行层理方向钻取岩芯的扩散系数普遍大于垂直层理方向上钻取的岩芯。在平行层理方向钻取岩芯中扩散运移如图 5-11（a）所示,从图中可以看出,当通过岩芯时,会快速通过那些较大的孔隙,这样大大缩短了在微孔和超微孔中扩散的距离。在垂直层理方向钻取的岩芯中扩散运移如图 5-11（b）所示,扩散的方向均垂直于那些较大的孔隙,这样对在微孔和超微孔中扩散距离影响不大,相比平行层理方向钻取的岩芯扩散运移距离长、扩

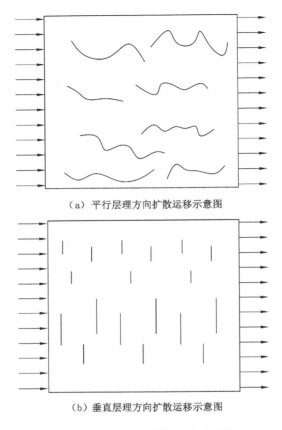

（a）平行层理方向扩散运移示意图

（b）垂直层理方向扩散运移示意图

图 5-11　CH$_4$ 扩散运移示意图

散运移孔隙小,这也就是最终导致平行层理方向钻取岩芯的扩散系数普遍大于垂直层理方向上钻取的岩芯的原因。

（2）扩散系数的矢量性不是简单的几何矢量合成

如果相同煤样在相同条件下各个方向的扩散系数是相同的,则扩散系数是各向同性的,否则就是各向异性的,煤的各向异性特征我们已在实验中得到了检验。扩散系数的矢量性不能简单把两个方向上的扩散系数矢量合成在一起而作为该矢量所在方向上的扩散系数。扩散系数之所以表现出矢量性,是有其地质成因的,归因于煤骨架颗粒的排列方式以及填充物质所形成的孔隙空间分布。扩散系数是和扩散路径联系在一起的扩散系数,它不能脱离扩散路径而单独存在。

（3）扩散系数的矢量性定量计算模型

根据表 5-4、表 5-5 可知，在温度、围压、气压相同的情况下，平行层理方向所测扩散系数远远大于垂直层理方向扩散系数，前者较后者约高出 1～2 个数量级，表明原煤中 CH₄ 扩散特性具有明显的方向性，这是由于煤骨架颗粒的排列方式以及填充物质所形成的孔隙空间分布所决定，因而方向性扩散系数是与空间位置（扩散路径）相关的非自由矢量[144,214]，这就决定了它不能与数学中的自由矢量一样随意进行合成与分解。

依据等效驱替原理[144,214]，假设煤体是正交各向异性的（图 5-12），即坐标轴的 x 轴与平行层理方向一致，坐标轴的 y 轴与垂直层理方向一致；ΔC_n 为 n 方向上的驱替浓度差，ΔC_n 对流体的驱替作用，等效于它的 x 分量 ΔC_{nx} 和 y 分量 ΔC_{ny} 浓度差对流体的共同作用。用 ΔN_x 表示在 x 方向上浓度差 ΔC_{nx} 作用下在气室单位长度空间的 CH₄ 分子增加的个数；用 ΔN_y 表示在 y 方向上浓度差 ΔC_{ny} 作用下在气室单位长度空间内 CH₄ 分子增加的个数；用 ΔN_n 表示在 n 方向上浓度差 ΔC_n 作用下在气室单位长度空间内 CH₄ 分子增加的个数；根据等效驱替原理可知，在 ΔC_n 的作用下通过气室截面的气体分子总数 ΔN_n 应该等于 ΔN_x 与 ΔN_y 之和，即：

$$\Delta N_n = \Delta N_x + \Delta N_y \tag{5-3}$$

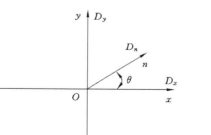

图 5-12　扩散系数的矢量性定量模型示意图

由气室体积、浓度、单位长度空间增加的 CH₄ 分子个数，结合 Fick 第二定律，则 ΔN_n 可表示为：

$$\Delta N_n = \frac{V_g \Delta C_n}{L_g V_{CH_4}} = \frac{A_g \Delta C_n}{V_{CH_4}} = \frac{100 A_g e^{-D_n B t}}{V_{CH_4}} \tag{5-4}$$

式中,用 D_n 表示 n 方向上的扩散系数,cm^2/s;D_x 表示平行层理方向上的扩散系数,cm^2/s;D_y 表示垂直层理方向上的扩散系数,cm^2/s;V_{CH_4} 表示特定温度、压力状态下 1 个 CH_4 分子的体积,cm^3;V_g 表示气室体积,cm^3;L_g 表示气室长度,cm;A_g 表示气室横截面面积,cm^2;t 表示 $t_j - t_0$,s;用 A_x 表示截面 A_g 在 x 方向上的有效扩散面积,cm^2;用 ΔC_{nx} 表示 ΔC_n 在 x 轴的分量,$\%$;用 θ 表示 n 方向与 x 轴的夹角,$(°)$。则 A_x 和 ΔC_{nx} 可表示为:

$$A_x = A_g \cos \theta \qquad (5-5)$$

$$\Delta C_{nx} = \Delta C_n \cos \theta \qquad (5-6)$$

用 A_y 表示截面 A_g 在 y 方向上有效面积,cm^2;用 ΔC_{ny} 表示 ΔC_n 在 x 轴的分量,$\%$。则 A_y 和 ΔC_{ny} 可表示为:

$$A_y = A_g \sin \theta \qquad (5-7)$$

$$\Delta C_{ny} = \Delta C_n \sin \theta \qquad (5-8)$$

则 ΔN_x、ΔN_y 可表示为:

$$\Delta N_x = \frac{A_x \Delta C_{nx}}{V_{CH_4}} = \frac{100 A_g e^{D_x Bt} \cos^2 \theta}{V_{CH_4}} \qquad (5-9)$$

$$\Delta N_y = \frac{A_y \Delta C_{ny}}{V_{CH_4}} = \frac{100 A_g e^{D_y Bt} \sin^2 \theta}{V_{CH_4}} \qquad (5-10)$$

将式(5-4)、式(5-9)和式(5-10)代入式(5-3)中可得:

$$\frac{100 A_g e^{-D_n Bt}}{V_{CH_4}} = \frac{100 A_g e^{-D_x Bt} \cos^2 \theta + 100 A_g e^{-D_y Bt} \sin^2 \theta}{V_{CH_4}} \qquad (5-11)$$

最终将式(5-11)化简为:

$$e^{-D_n} = e^{-D_x} \cos^2 \theta + e^{-D_y} \sin^2 \theta \qquad (5-12)$$

式中,D_n 表示 n 方向上的扩散系数,cm^2/s;D_x 表示平行层理方向上的扩散系数,cm^2/s;D_y 表示垂直层理方向上的扩散系数,cm^2/s;θ 表示 n 方向与 x 轴的夹角,$(°)$。

式(5-12)即为扩散系数的矢量性定量计算模型。

5.3.3 地应力对煤中 CH_4 扩散的控制机理

(1) 含 CH_4 煤体的有效应力

在自由条件下,煤吸附后表面张力会降低,表明固体表面分子与内部分子间引力减小,距离增大,体积膨胀;而在围压的约束状态下,吸附膨胀应变变为膨胀应力。以往研究表明,含瓦斯煤中有效应力为[19]:

$$\begin{cases} \sigma'_x = \sigma_x - \sigma - np \\ \sigma'_y = \sigma_y - \sigma - np \\ \sigma'_z = \sigma_z - \sigma - np \end{cases} \qquad (5-13)$$

式中，σ_x、σ_y、σ_z 表示为 x、y、z 方向上的总应力；σ'_x、σ'_y、σ'_z 表示为 x、y、z 方向上的有效应力；σ 表示为吸附膨胀应力；n 表示为煤层的孔隙率；p 表示为孔隙瓦斯压力。

由式(5-13)可以看出，在其他条件不变的情况下，有效应力与随着总应力的增加而增加。

（2）有效应力与煤体变形的关系

以往研究表明，有效应力与煤体变形关系为：

$$\begin{cases} \varepsilon_x = \varepsilon'_x - \varepsilon''_x \\ \varepsilon_y = \varepsilon'_y - \varepsilon''_y \\ \varepsilon_z = \varepsilon'_z - \varepsilon''_z \end{cases} \tag{5-14}$$

式中，ε_x、ε_y、ε_z 表示为 x、y、z 方向上的有效应力作用下的线应变；ε'_x、ε'_y、ε'_z 表示为 x、y、z 方向上的总应力作用下的线应变；ε''_x、ε''_y、ε''_z 表示为 x、y、z 方向上的吸附膨胀应力作用下的线应变。

孔隙应力与孔隙压力的关系在各个方向相同，关系式为：

$$\begin{cases} \varepsilon_x = \dfrac{1}{E}[\sigma_x - \mu'(\sigma_y + \sigma_z)] - \dfrac{(1-2\mu)\alpha p}{E} \\ \varepsilon_y = \dfrac{1}{E}[\sigma_y - \mu'(\sigma_x + \sigma_z)] - \dfrac{(1-2\mu)\alpha p}{E} \\ \varepsilon_z = \dfrac{1}{E}[\sigma_z - \mu'(\sigma_x + \sigma_y)] - \dfrac{(1-2\mu)\alpha p}{E} \end{cases} \tag{5-15}$$

根据材料力学理论可知，变形总是随着应力的增加而增加。

（3）煤体变形与孔隙率的关系[19]

$$n = n_0 - \varepsilon_p - \varepsilon_v \tag{5-16}$$

式中，n_0 表示为变形前的孔隙率；n 表示为变形后的孔隙率；ε_p 表示为吸附膨胀应变量，ε_v 表示为煤的外观应变量。

由式(5-16)可以看出，在其他条件不变的情况下，孔隙率随着应变的增加而减少。

综上分析可知，其他条件不变的情况下，随着围压的增加，煤体的有效应力不断增加，由于煤质比较软，引起煤体变形不断增大，最终导致煤体孔隙率下降，扩散系数降低。

5.3.4　气压对煤中 CH₄ 扩散的控制机理

以往研究表明，随着 CH₄ 压力的增加，煤对 CH₄ 分子的吸附性增强，这点已被很多文献所证实，在外力约束条件下，最终导致膨胀应力增加，从而导致煤体的有效应力降低,由5.3.3节分析可知,有效应力的降低会导致扩散系数的增高。

另一方面,吸附膨胀体积的一部分转换为接触点的膨胀应力,而另一部分转换为改变孔隙体积的内向吸附膨胀应变量,公式如下:

$$\varepsilon_p = \frac{2\varepsilon_v'}{3} = \frac{4a''\rho_v R_m T(1-2\mu')\ln(1+bp)}{3EV_m} \tag{5-17}$$

由式(5-17)可以看出,随着CH_4压力的增加,煤粒内向吸附变形增大,煤粒膨胀,孔隙减小,扩散系数减小;反之,孔隙压力减小,煤粒收缩,孔隙增大,扩散系数增大。

此次实验结果表明,随着气压的升高,导致了扩散系数降低,表明压力对煤中CH_4控制作用受有效应力和煤粒收缩、膨胀变形两种因素的共同制约,两种因素会带来相反的结果,但最终压力与扩散系数的关系会受主控因素制约,煤中CH_4扩散的主控因素为受CH_4吸附作用影响的吸附膨胀体积应变。

5.3.5 温度对煤中CH_4扩散的控制机理

根据材料学理论可知,温度与扩散系数的关系如图5-13所示。

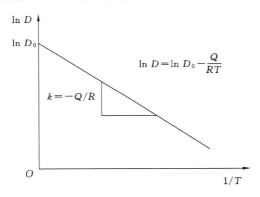

图5-13 扩散系数与温度的关系图

分子运动论阐明了温度是分子平均动能大小的标志,分子平均动能的表达式为:

$$\bar{\varepsilon}_k = \frac{1}{2}mv^2 = \frac{3}{2}kT \tag{5-18}$$

式中,$\bar{\varepsilon}_k$为分子平均动能;m为分子质量;v为分子平均运动速度;k为玻尔兹曼常数;T为温度。

由式(5-18)可以看出,随着温度的增高,可以提高分子振动的幅度和频率,分子运动速度增大,分子运动活力增加,由高浓度到低浓度的运动速度增加,使扩散速度加快,最终导致扩散系数呈逐渐上升的趋势。

5.4　煤中 CH_4 扩散耦合数学模型

本次研究在储层条件 CH_4 扩散物理模拟实验的研究基础上,分析影响 CH_4 扩散系数的因素,筛选并确定建模参数,采用数量化理论 I 作为建模数学工具,建立了煤中 CH_4 扩散耦合数学模型,并通过精度考察,验证了模型的正确性。

5.4.1　煤中 CH_4 扩散耦合数学模型法的基本原理

煤中 CH_4 扩散耦合数学模型的基本原理是:通过多因素、变条件的 CH_4 扩散物理模拟实验研究,分析煤层 CH_4 扩散的变化规律和影响煤层瓦斯扩散的主要因素。在此基础上,采用一定的数学方法,建立煤层 CH_4 扩散的多变量数学模型。

煤中 CH_4 扩散耦合数学模型法采用数量化理论 I 作为数学建模工具。数量化理论 I 是数量化理论中众多方法的一种,是一种可同时处理定量变量和定性变量的多元统计分析方法,广泛应用于解决从定性或兼有定量变量的自变量出发的对因变量的预测问题。

在影响 CH_4 扩散相关因素分析中,某些因素是难以定量化的,如煤中 CH_4 扩散路径,分为垂直层理扩散和平行层理扩散两种不同方向的扩散路径,只是某种属性的定性描述,而没有量的概念,这类变量称之为定性变量。当某些定性变量是影响煤层瓦斯扩散特性的主要因素时,就成为了不可忽略的因素。而一般的多元统计方法,如多元回归分析,仅能解决从定量变量出发对因变量的预测问题。由此可以看出,采用数量化理论 I 建立煤中甲烷扩散耦合数学模型具有比较广泛的适用性[240-242]。

（1）数量化理论 I 简介

数量化理论 I 广泛应用于对定量因变量的预测问题,不仅适用于自变量为定量变量的情形,而且也适用于自变量为定性变量或既有定量变量也有定性变量的多种情形。

在数量化理论中,一般把定性变量叫作项目,把定性变量的各种不同的取"值"叫作类目。设因变量 y 受 m 个项目 $x_1, x_2, \cdots, x_m$ 的影响,第一个项目 x_1 有 r_1 个类目 $c_{11}, c_{12}, \cdots, c_{1r_1}$,第二个项目 x_2 有 r_2 个类目 $c_{21}, c_{22}, \cdots, c_{2r_2}$,第

m 个项目 x_m 有 r_m 个类目 $c_{m1},c_{m2},\cdots,c_{mr_m}$，$m$ 个项目共有 $\sum\limits_{j}^{m}r_j=p$ 个类目。如果有 n 个样品，其测定结果可表示为下列项目、类目反应表见表 5-8。

表 5-8　项目、类目反应表

样品号	因变量	x_1 $c_{11},c_{12},\cdots,c_{1r_1}$	x_2 $c_{21},c_{22},\cdots,c_{2r_2}$	$\cdots$	x_m $c_{m1},c_{m2},\cdots,c_{mr_m}$
1	y_1	$\delta_1(1,1),\delta_1(1,2),\cdots,$ $\delta_1(1,r_1)$	$\delta_1(2,1),\delta_1(2,2),\cdots,$ $\delta_1(2,r_2)$	$\cdots$	$\delta_1(m,1),\delta_1(m,2),\cdots,$ $\delta_1(m,r_m)$
2	y_2	$\delta_2(1,1),\delta_2(1,2),\cdots,$ $\delta_2(1,r_1)$	$\delta_2(2,1),\delta_2(2,2),\cdots,$ $\delta_2(2,r_2)$	$\cdots$	$\delta_2(m,1),\delta_2(m,2),\cdots,$ $\delta_2(m,r_m)$
3	y_3	$\delta_3(1,1),\delta_3(1,2),\cdots,$ $\delta_3(1,r_1)$	$\delta_3(2,1),\delta_3(2,2),\cdots,$ $\delta_3(2,r_2)$	$\cdots$	$\delta_3(m,1),\delta_3(m,2),\cdots,$ $\delta_3(m,r_m)$
$\cdots$	$\cdots$	$\cdots,\cdots,\cdots,\cdots$	$\cdots,\cdots,\cdots,\cdots$	$\cdots$	$\cdots,\cdots,\cdots,\cdots$
n	y_n	$\delta_n(1,1),\delta_n(1,2),\cdots,$ $\delta_n(1,r_1)$	$\delta_n(2,1),\delta_n(2,2),\cdots,$ $\delta_n(2,r_2)$	$\cdots$	$\delta_n(m,1),\delta_n(m,2),\cdots,$ $\delta_n(m,r_m)$

表 5-8 中 y_i 是因变量 y 在第 i 个样品中的测定值，$\delta_i(j,k)(i=1,2,\cdots,n;j=1,2,\cdots,m;k=1,2,\cdots,r_j)$ 称为 j 项目之 k 类目在第 i 个样品中的反应，其值按下确定：

$$\delta_i(j,k)=\begin{cases}1 & 第\ i\ 样品中\ j\ 项目的定性数据为\ k\ 类目\\0 & 否则\end{cases}$$

由元素构成的 $n\times p$ 阶矩阵

$$X=\begin{bmatrix}\delta_1(1,1) & \cdots & \delta_1(1,r_1) & \delta_2(2,1) & \cdots & \delta_1(2,r_2) & \delta_1(m,1) & \cdots & \delta_1(m,r_m)\\ \delta_2(1,1) & \cdots & \delta_2(1,r_1) & \delta_2(2,1) & \cdots & \delta_2(2,r_2) & \delta_2(m,1) & \cdots & \delta_2(m,r_m)\\ \cdots & \ddots & \cdots & \cdots & \ddots & \cdots & \cdots & \ddots & \cdots\\ \delta_n(1,1) & \cdots & \delta_n(1,r_1) & \delta_n(2,1) & \cdots & \delta_n(2,r_2) & \delta_n(m,1) & \cdots & \delta_n(m,r_m)\end{bmatrix}$$

称为反应矩阵。

反应 $\delta_i(j,k)$ 有个重要性质，即对每个固定的 i 和 j，有：

$$\sum_{k=1}^{r_j}\delta_i(j,k)=1 \tag{5-19}$$

这是由于任一样品在每个项目中只有一个类目的反应是 1，其余的反应皆为 0 之故。

（2）数量化理论 Ⅰ 的数学模型

① 定性自变量的数学模型

假定因变量与各项目、各类目的反应遵从下列线性模型：

$$y_i = \sum_{j=1}^{m} \sum_{k=1}^{r_j} \delta_i(j,k) b_{jk} + \varepsilon_i \quad (i=1,2,\cdots,n) \tag{5-20}$$

为了使方程的预测值尽量接近实测值，可以根据最小二乘法原理寻求系数 b_{jk}，即使

$$q = \sum_{i=1}^{n} \varepsilon_i^2 \sum_{i=1}^{n} \left[y_i = \sum_{j=1}^{m} \sum_{k=1}^{r_j} \delta_i(j,k) b_{jk} \right]^2 \tag{5-21}$$

达到最小值。为此，求 q 对 b、u、v 的偏导数，并令偏导数等于 0，得到：

$$\frac{\partial q}{\partial b_{uv}} = -2 \sum_{i=1}^{n} \left[y_i = \sum_{j=1}^{m} \sum_{k=1}^{r_j} \delta_i(j,k) b_{jk} \right] \delta_i(u,v) = 0 \tag{5-22}$$

设 $\hat{b}_{jk}$ 是使 q 达到最小值的 b_{jk}，则应满足上式，即：

$$\sum_{j=1}^{m} \sum_{k=1}^{r_j} \left[\sum_{i=1}^{n} \delta_i(j,k) \delta_i(u,v) \right] \hat{b}_{jk} = \sum_{i=1}^{n} \delta_i(u,v) y_i \tag{5-23}$$

如果用矩阵形式来表示，上式可写成：

$$X'X\hat{B} = X'Y \tag{5-24}$$

其中
$$Y' = (y_1, y_2, \cdots, y_n)$$

$$\hat{B}' = (\hat{b}_{11}, \cdots, \hat{b}_{1r_1}, \hat{b}_{21}, \cdots, \hat{b}_{2r_2}, \cdots, \hat{b}_{m_1}, \cdots, \hat{b}_{mr_m}) \tag{5-25}$$

此方程组称为正规方程（组）。

从正规方程解出 $\hat{b}_{jk}$ 之后，便得到下面的预测方程：

$$\hat{y} = \sum_{j=1}^{m} \sum_{k=1}^{r_j} \delta(j,k) \hat{b}_{jk} \tag{5-26}$$

式中，$\delta(j,k)$ 表示任一样品在 j 项目 k 类目上的反应。当取得一样品时，便可由其反应 $\delta(j,k)$，利用上式算出 $\hat{y}$，$\hat{y}$ 就是因变量 y 的预测值。

对于所建立的预测方程，需要经过计算 F 统计量检验方程的显著性；计算偏相关系数检验每个项目对预测的贡献；计算剩余标准差考查方程的预测精度。可采用增加项目法或减少项目法，通过统计检验，使预测方程中只包含对因变量有显著影响的项目，建立最优的预测方程。

② 正规方程的解法

可以证明 $X'X\hat{B}$ 正规方程中最多有 $\sum\limits_{j=1}^{m} r_i - m + 1$ 个方程是线性无关的。

这表明系数矩阵 $X'X$ 是不满秩的，其秩 $\mathrm{r}(X'X)$ 最多是 $\sum\limits_{j=1}^{m} r_j - m + 1$，因此方

程的解是无穷多的。当样品数 n 足够大时,总可保证 $X'X$ 的秩是 $\sum\limits_{}^{m} r_j - m + 1$。这时,我们可以对每个 $j = 2, \cdots, m$,删去第 j 项目第一类目的方程并取 $\hat{b}_{jk}$,以使删除后的方程组的系数矩阵成为满秩的,故可唯一地解出其余的 $\hat{b}_{jk}$。可以证明,这样去解正规方程不失一般性,并且确使 q 达到最小。

③ 兼有定性和定量自变量时的数学模型

设自变量中有 h 个是定量变量,它们在第 i 个样品中的数据为 $x_i(u)$($u = 1, 2, \cdots, h; i = 1, 2, \cdots, n$)。有 m 个定性变量,即 m 个项目,其中第 j 个项目有 r_j 个类目,它们在第 i 个样品中的反应度为($j = 1, 2, \cdots, m; k = 1, 2, \cdots, r_j; i = 1, 2, \cdots, n$)。因变量的数据为 y_i($i = 1, 2, \cdots, n$)。

假定因变量与各定量自变量及项目、类目的反应间遵从如下线性模型:

$$y_i = \sum_{u=1}^{h} b_u x_i(u) + \sum_{j=1}^{m} \sum_{k=1}^{r_j} \delta_i(j,k) b_{jk} + \varepsilon_i \quad (i = 1, 2, \cdots, n) \quad (5\text{-}27)$$

式中,b_u($u = 1, 2, \cdots, h$)、b_{jk}($j = 1, 2, \cdots, m; k = 1, 2, \cdots, r_j$)是未知系数,$\varepsilon_i$($i = 1, 2, \cdots, n$)是随机误差。类似仅有定性变量时的推导过程,可以得到 b_u 和 b_{jk} 的最小二乘估计 $\hat{b}_u$($u = 1, 2, \cdots, h$)、$\hat{b}_{jk}$($j = 1, 2, \cdots, m; k = 1, 2, \cdots, r_j$)满足正规方程

$$X'X\hat{B} = X'Y \quad (5\text{-}28)$$

其中

$$X = \begin{bmatrix} x_1(1) & \cdots & x_1(h) & \delta_1(1,1) & \cdots & \delta_1(1,r_1) & \delta_1(2,1) & \cdots & \delta_1(m,r_m) \\ x_2(1) & \cdots & x_2(h) & \delta_2(1,1) & \cdots & \delta_2(1,r_1) & \delta_2(2,1) & \cdots & \delta_2(m,r_m) \\ \cdots & \ddots & \cdots & \cdots & \ddots & \cdots & \cdots & \ddots & \cdots \\ x_n(1) & \cdots & x_n(h) & \delta_n(1,1) & \cdots & \delta_n(1,r_1) & \delta_n(2,1) & \cdots & \delta_n(m,r_m) \end{bmatrix}$$

$$\hat{B}' = (\hat{b}_1, \cdots, \hat{b}_h, \hat{b}_{11}, \cdots, \hat{b}_{1r_1}, \hat{b}_{21}, \cdots, \hat{b}_{mr_m})$$

$$Y' = (y_1, y_2, \cdots, y_n)$$

上式可在 $\hat{b}_{j1} = 0$($j = 2, \cdots, m$)的条件下求解,而得到预测方程为:

$$\hat{y} = \sum_{u=1}^{h} \hat{b}_u x(u) + \sum_{j=1}^{m} \sum_{k=1}^{r_j} \delta(j,k) \hat{b}_{jk} \quad (5\text{-}29)$$

(3)预测方程的显著性检验及预测精度

对于所建立的预测方程,需要进行统计检验,以考查其预测效果。检验的指标有统计量 F、复相关系数 R。

$$F = \frac{\displaystyle\sum_{i=1}^{n} (\hat{y} - \bar{y})^2 / m}{\displaystyle\sum_{i=1}^{n} (y_i - \hat{y}_i)^2 / (n - m - 1)} \qquad (5\text{-}30)$$

式中,m 称为第一自由度;$n-m-1$ 称为第二自由度。

在一定显著水平下查 F 分布表,若大于 F 临界值,则认为 y 与 m 个项目线性关系密切,预测方程显著;反之,则认为方程不显著。

$$R = \frac{d_{\hat{y}}}{d_y} \sqrt{\frac{\displaystyle\sum_{i=1}^{N} (\hat{y}_i - \bar{y})^2}{\displaystyle\sum_{i=1}^{N} (y_i - \bar{y})^2}} \qquad (5\text{-}31)$$

式中,R 越接近 1,说明 y 与 m 个项目关系越密切,方程越显著。

（4）项目对预测的贡献

衡量各项目对预测方程的贡献指标有三个:偏相关系数 $\gamma_{y,u}$、方差比、范围。

$$\gamma_{y,u} = \frac{-\gamma^{u,m+1}}{\sqrt{\gamma^{uu} \gamma^{m+1,m+1}}} \qquad (u = 1, 2, \cdots, m) \qquad (5\text{-}32)$$

偏相关系数 $\gamma_{y,u}$ 越大,说明第 u 个项目对预测的贡献越大。

方差比用 $\dfrac{d_j^2}{d_y^2}$ 表示,比值越大,说明第 j 个项目在预测中的贡献越大。

$$\frac{d_j^2}{d_y^2} = \frac{\displaystyle\sum_{i=1}^{n} (x_i^{(j)} - \bar{x}^{(j)})^2}{\displaystyle\sum_{i=1}^{n} (y_i - \bar{y})^2} \qquad (j = 1, 2, \cdots, m) \qquad (5\text{-}33)$$

范围用(range)来衡量,range(j)越大,说明第 j 个项目对预测贡献越大。

$$\text{range}(j) = \max \hat{b}_{jk} - \min \hat{b}_{jk} \qquad (j = 1, 2, \cdots, m, 1 \leqslant k \leqslant r_j) \qquad (5\text{-}34)$$

（5）选择项目的方法

选择项目的方法有两种:增加项目法和减少项目法。

① 增加项目法

每次增加一个项目,选取能使剩余均方 $\displaystyle\sum_{i=1}^{n} (y_i - \hat{y}_i)^2 / (n - u + 1)$ 为最小的项目。式中 u 为进入预测方程的项目数。

依次在 m 个项目中选取一个项目,用数量化理论 Ⅰ 计算剩余均方,比较选取最小剩余均方为 $x^{(1)}$。然后在余下的 $m-1$ 个项目中逐个选取一个项目

与 $x^{(1)}$ 放在一起,对这两个项目用理论 I 比较所得 $m-1$ 个剩余均方,从中选取最小记为 $x^{(2)}$。再从余下的 $m-2$ 个项目中逐个选取一个与 $x^{(1)}$、$x^{(2)}$ 放在一起使用理论 I 求出剩余均方中最小的,记为 $x^{(3)}$。以此类推,可逐步选出必要的 r 个项目。

终止条件:事先选定项目数 r,达到时终止;事先指定剩余均方,达到时终止;事先指定增加一项目时剩余均方的减少量,达到时终止。

② 减少项目法

先选取全部 m 个项目,使用理论 I,然后依次减少一个项目,减少的项目按偏相关系数不显著来确定。计算偏相关系数 $\gamma_{y,j}$ 构成有统计量 t_j:

$$t_j = \frac{\sqrt{n-m-1}\,\gamma_{y,j}}{\sqrt{1-\gamma_{y,j}^2}} \tag{5-35}$$

式中,t_j 服从 $n-m-1$ 的 t 分布。

按偏相关系数不显著的标准删除项目时,首选将使 t 为最小的项目 $x^{(1)}$ 删除。然后对除去 $x^{(1)}$ 后的 $m-1$ 个项目使用理论 I 计算出剩余均方量,再对 $m-1$ 个项目使用理论 I 删除使 t_j 最小的项目 $x^{(2)}$。以此类推,直到留下必要的 r 个项目为止。

终止条件:事先选定项目数 r,达到时终止;事先指定剩余均方值,达到时终止;事先指定均方增量,当增量超过时终止。

5.4.2 煤中 CH_4 扩散耦合数学模型建立

（1）变量的选择和取值

采用数量化理论 I 建立 CH_4 扩散数学模型,CH_4 扩散系数为因变量,各种影响因素为自变量。

① 因变量:不同储层条件下测定得到的 CH_4 扩散系数。

② 自变量:自变量按性质分为定性变量和定量变量。定量变量包括围压、温度和气压。定性变量为扩散路径,分为垂直路径和平行路径,定性变量是以二态变量来取值的,即用"0"和"1"来表示某种属性的"无"和"有"。

建模原始数据及变量取值见表 5-9。

（2）预测方程的建立

根据所选择的因变量和自变量,根据所取得的基础数据(表 5-9),采用数量化理论 I 的方法原理,可建立煤中 CH_4 扩散耦合数学模型。

所建立的方程是否显著,需要进行统计检验。一般采用方差分析法计算统计量 F,并在一定显著水平下查 F 分布表,当 F 统计量大于等于临界值时,说明方程显著。

表 5-9　建模原始数据及变量取值统计表

序号	样品号	实验条件			扩散路径		CH_4 扩散系数
		围压/MPa	温度/℃	气压/MPa	垂直路径	平行路径	/(cm²/s)
1	CZ1	21	24	6.6	1	0	2.025 45E-08
2	CZ1	21	24	8.6	1	0	1.378 68E-08
3	CZ1	21	24	10.6	1	0	1.153 76E-08
4	CZ1	21	24	12.6	1	0	1.061 43E-08
5	CZ2	18.5	21	5.8	1	0	1.139 93E-08
6	CZ2	15	21	5.8	1	0	2.635 52E-08
7	CZ2	11.5	21	5.8	1	0	4.556 33E-08
8	CZ2	8	21	5.8	1	0	8.138 72E-08
9	CZ3	16	18	4.9	1	0	1.132 43E-08
10	CZ3	16	28	4.9	1	0	1.373 13E-08
11	CZ3	16	38	4.9	1	0	1.653 89E-08
12	CZ3	16	48	4.9	1	0	2.126 5E-08
13	PX1	21	24	6.6	0	1	3.884 24E-07
14	PX2	18.5	21	5.8	0	1	4.877 72E-07
15	PX3	16	18	4.9	0	1	6.406 81E-07
16	CZ4	21	24	6.6	1	0	1.989 66E-08
17	CZ4	21	24	8.6	1	0	1.369 33E-08
18	CZ4	21	24	10.6	1	0	1.126 65E-08
19	CZ4	21	24	12.6	1	0	1.078 24E-08
20	CZ5	18.5	21	5.8	1	0	1.129 88E-08
21	CZ5	15	21	5.8	1	0	2.765 42E-08
22	CZ5	11.5	21	5.8	1	0	3.986 57E-08
23	CZ5	8	21	5.8	1	0	6.236 58E-08
24	CZ6	16	18	4.9	1	0	0.983 66E-08
25	CZ6	16	28	4.9	1	0	1.274 35E-08
26	CZ6	16	38	4.9	1	0	1.512 37E-08
27	CZ6	16	48	4.9	1	0	2.146 36E-08
28	PX4	21	24	6.6	0	1	2.986 52E-07
29	PX5	18.5	21	5.8	0	1	4.563 21E-07
30	PX6	16	18	4.9	0	1	6.076 55E-07

对于所建立的方程,还需检验每个自变量的显著性。检验有多种方法,一般采用偏相关系数法计算因变量对各自变量的偏相关系数。偏相关系数越大,说明该自变量对因变量的相关性越密切。同时计算由偏相关系数构成的统计量 t_i,在一定的显著性水平下查 t 分布表,当 t_i 大于等于 t 临界值时,说明第 i 个自变量对方程的重要性显著。预测方程中应当只包含与因变量关系显著的自变量,不显著的变量应予以剔除。

采用数量化理论 I 的方法原理,建立煤中 CH_4 扩散耦合数学模型时,需要进行大量的计算工作,运用"瓦斯地质数学模型软件"[241],可由计算机高速、高效、准确、灵活地完成上述工作。

运用"瓦斯地质数学模型软件"建立煤中 CH_4 扩散耦合数学模型步骤如下:

① 变量输入。依次输入定量变量数、定性变量数和样品数(图 5-14)。

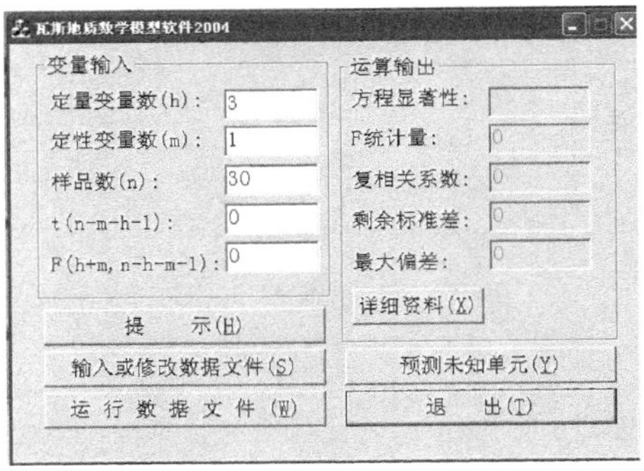

图 5-14　输入变量

② 输入或修改数据文件。按下"输入或修改数据文件"按钮进入记事本编辑状态,可以输入、修改、增加和删除已知样品的原始数据(图 5-15)。

③ 运行数据文件。按下此按钮进入一个选择对话框,可以选择将要运行的数据文件(图 5-16)。

④ 查看详细资料。按下"详细资料"按钮将显示运行的详细结果,其中包括已知样品的原始数据、预测方程及其显著性、已知样品的预测结果及其偏差、变量间的相关矩阵、F 统计量、复相关系数、剩余标准差、各变量的偏相关系数、各变量的 t 统计量(图 5-17)。

运用"瓦斯地质数学模型软件"建立了 CH_4 扩散耦合数学模型:

$$y = -0.000\ 000\ 007\ 5dl(1) - 0.000\ 000\ 001\ 0dl(2) + 0.000\ 000\ 001\ 6dl(3) +$$
$$1.624\ 211\ 542\ 4dx(1,1) + 6.296\ 078\ 266\ 2dx(1,2) \tag{5-36}$$

式中，y 为 CH_4 扩散系数，cm^2/s；$dl(1)$ 为围压，定量变量，MPa；$dl(2)$ 为温度，定量变量，℃；$dl(3)$ 为气压，定量变量，MPa；$dx(1,1)$ 为扩散路径（垂直层理），定性变量；$dx(1,2)$ 为扩散路径（平行层理），定性变量。

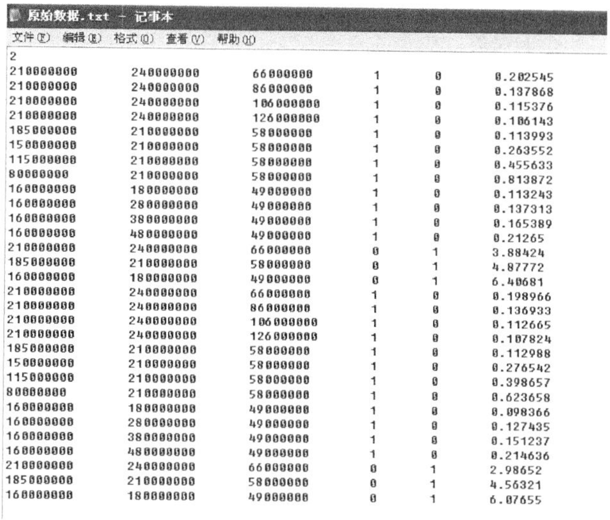

210000000	240000000	66000000	1	0	0.202545
210000000	240000000	86000000	1	0	0.137868
210000000	240000000	106000000	1	0	0.115376
210000000	240000000	126000000	1	0	0.106143
185000000	210000000	58000000	1	0	0.113993
150000000	210000000	58000000	1	0	0.263552
115000000	210000000	58000000	1	0	0.455633
80000000	210000000	58000000	1	0	0.813872
160000000	180000000	49000000	1	0	0.113243
160000000	280000000	49000000	1	0	0.137313
160000000	380000000	49000000	1	0	0.165389
160000000	480000000	49000000	1	0	0.21265
210000000	240000000	66000000	0	1	3.88424
185000000	210000000	58000000	0	1	4.87772
160000000	180000000	49000000	0	1	6.40681
210000000	240000000	66000000	1	0	0.198966
210000000	240000000	86000000	1	0	0.136933
210000000	240000000	106000000	1	0	0.112665
210000000	240000000	126000000	1	0	0.107824
185000000	210000000	58000000	1	0	0.112988
150000000	210000000	58000000	1	0	0.276542
115000000	210000000	58000000	1	0	0.398657
80000000	210000000	58000000	1	0	0.623658
160000000	180000000	49000000	1	0	0.098366
160000000	280000000	49000000	1	0	0.127435
160000000	380000000	49000000	1	0	0.151237
160000000	480000000	49000000	1	0	0.214636
210000000	240000000	66000000	0	1	2.98652
185000000	210000000	58000000	0	1	4.56321
160000000	180000000	49000000	0	1	6.07655

图 5-15　输入或修改数据文件

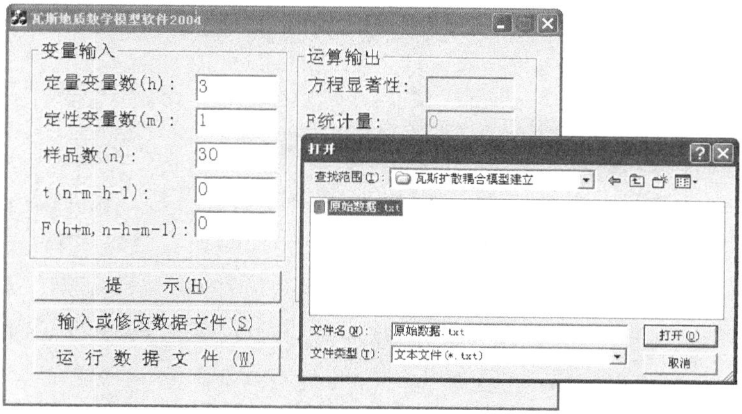

图 5-16　运行数据文件

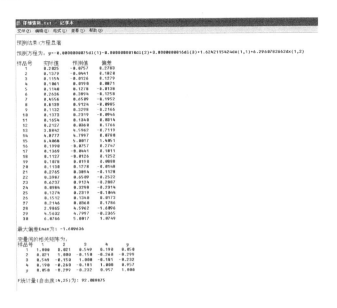

图 5-17　查看详细资料

预测方程的 F 统计量为 92.088 875,远远大于 0.01 显著水平下的 F 临界值 $F_{4.25}^{0.01}=4.18$,复相关系数 $R=0.967$ 701(接近 1),剩余标准差 $S=0.527$ 800,说明方程(数学模型)显著且精度高。

5.5　本章小结

本章采用规则块样结合气相色谱法对 12 个煤样分别在不同的围压、气压和温度条件下进行了煤中 CH_4 的扩散系数测试实验,研究了不同围压、气压、温度、埋深、各向异性等因素对扩散系数的影响规律,研究结果表明:

(1) 在不同围压、不同气压、不同温度的煤样所做的 CH_4 扩散实验表明,扩散系数是一个动态变化的数值,它伴随围压、气压、温度等因素的改变而改变。

(2) 相同条件下,随着孔隙率的增加,微孔孔容占总孔容的比例、微孔孔比表面积占总比表面积的比例和综合分形维数的降低,孔隙内部发生菲克型扩散和过渡型扩散的影响增强,扩散系数增大。

(3) 恒定温度、气压条件下,随着围压的增加,煤体的有效应力不断增加,由于煤体强度低,引起煤体变形不断增大,最终导致煤体孔隙率下降,扩散系数显著降低。

（4）恒定围压、温度条件下,随着气压的变化,引起孔隙有效应力变化和煤粒变形,但两种变化行为对扩散系数的影响具有相反作用,最终压力与扩散系数的关系会受到主控因素制约。实验证明煤粒变形是压力与扩散系数关系的主控因素,气压升高导致扩散系数逐渐减小。

（5）恒定围压、气压条件下,随着温度的升高,分子运动速度加快,分子运动活力增强,由高浓度到低浓度的运动速度增加,扩散速度加快,最终导致扩散系数呈逐渐上升的趋势。

（6）在相同实验条件下,垂直层理方向和平行层理方向上钻取的煤样表现出了扩散的各向异性特征,垂直层理方向煤样的扩散系数普遍小于平行层理方向煤样的扩散系数,这与煤基质块的孔隙结构分布密切相关,煤样中较大的段状连通孔隙都是沿平行层理方向分布。

（7）综合实验结果分析,筛选出地应力、地温、储层压力和扩散路径方向性作为影响 CH_4 扩散的主要因素,建立了基于数量化理论 I 的煤中 CH_4 扩散耦合数学模型,经理论和实践检验模型精度较高。

第6章 结论与展望

6.1 结论

本书以实验室测试、现场试验、数值模拟和理论分析为基础,结合研究区矿井地质和储层地质特征,分析了研究区地温、地应力、储层压力等地层条件变化规律。采用低温液氮吸附实验和冷场发射扫描电镜实验,获取了微观扩散孔隙的新特性,建立了微观扩散孔隙几何模型。选用规则块状煤样结合气相色谱法开展了煤中甲烷的扩散实验,探寻了孔隙结构、扩散路径、围压、气压和温度等多因素对扩散特征影响规律及控制机理。筛选出地应力、地温、储层压力和扩散路径方向性作为影响甲烷扩散的主要因素,建立了基于数量化理论I的煤中甲烷扩散耦合数学模型,经理论和实践检验,模型精度较高。主要结论如下:

(1)采用液氮吸附和冷场发射扫描电镜实验,获取了微观扩散孔隙的新特性,建立了微观扩散孔隙几何模型,为揭示煤中 CH_4 扩散控制机理奠定了基础。

① 高煤阶贫煤主要以微孔隙为主,占总孔容的 45% 以上,其次为过渡孔,中孔孔容最小;微孔孔比表面积占总比表面积的 90% 以上,微孔对 CH_4 的吸附/解吸/扩散起决定性作用;微孔阶段的分形特征分析表明:煤样的综合分形维数随微孔孔比表面积增大而增大,二者呈线性正相关关系,而与微孔孔容、孔隙率没有明显的线性关系。

② 煤样中未发现贯通孔隙,段状连通孔隙主要以近似平行层理方向不规则分布。在平行层理方向上,煤的微孔隙结构主要由段状连通孔隙和孤立孔隙组成,存在个别孔径在 100 nm 的独立大孔;在垂直层理方向中,未发现段状连通孔隙,仅存在独立孔隙。

(2)采用规则块状煤样结合气相色谱法测试了煤中 CH_4 的扩散系数,探讨了地层条件下煤中 CH_4 扩散的新特性及其控制机理,揭示了煤中 CH_4 扩散

系数与扩散路径密切相关且具有明显矢量性的特征,建立了扩散系数的矢量
性定量计算模型。通过对研究区的温度场、压力场和煤层气试井资料等统计
分析,确定了模拟地层条件下实验所需的围压、气压和温度条件。探寻了煤的
孔隙结构及实验围压、温度和气压等条件对扩散系数的影响规律,并揭示了其
作用机理。

① 高温高压条件下,实验区煤中 CH_4 的扩散系数表现出动态变化规律,
即伴随地应力和储层压力增大而减小、伴随地温升高而增大和伴随埋深增大
而增大的规律;同时扩散系数呈现出一定的矢量性,即同一样品中 CH_4 在平
行层理方向所测的扩散系数远比垂直层理方向所测的扩散系数大 1～2 个数
量级,揭示了煤中 CH_4 扩散系数与扩散路径密切相关,建立了扩散系数的矢
量性定量计算模型。

② 随着孔隙率的增加,微孔孔容占总孔容的比例、微孔孔比表面积占总
比表面积的比例和综合分形维数的降低,孔隙内部发生菲克型扩散和过渡型
扩散的影响增强,扩散系数增大;随着围压增加,煤体的有效应力不断增加,由
于煤体强度较低的因素,引起煤体变形不断增大,最终导致煤体孔隙率下降,
扩散系数显著减小;随着压力升高,煤对 CH_4 的吸附性增强,孔隙的有效应力
降低,从而导致煤粒吸附变形增大,扩散系数减小;随着温度升高,CH_4 分子运
动速度加快,分子运动活力增加,由高浓度到低浓度的运动速度增加,扩散速
度加快,最终导致扩散系数呈逐渐上升的趋势。

(3) 综合实验结果分析,筛选出地应力、地温、储层压力和扩散路径方向
性作为影响 CH_4 扩散的主要因素,建立了基于数量化理论 I 的煤中 CH_4 扩散
耦合数学模型,可以模拟地应力、地温、储层压力和扩散路径等耦合因素对扩
散系数的影响,经理论和实践检验模型精度较高。

6.2　展望

在已有研究工作的基础上,可以开展以下几个方面的研究工作:

(1) 此次扩散实验中,实验条件气压和围压都是固定值,井下瓦斯抽采时
地应力和储层压力会随着抽采的进行而改变,下一步将在实验测试方法上进
行改进,有望实现变压条件下煤中 CH_4 扩散机理的研究。

(2) 本次扩散实验,没有考虑到水分对扩散的影响,下一步可以使用不同含
水率的煤样进行更加深入的研究;此次煤样仅使用了高煤阶的贫煤,下一步可
以使用不同煤阶煤作为研究对象,研究煤阶对煤中 CH_4 扩散特征的影响规律。

参 考 文 献

［1］ 国家统计局能源统计司.中国能源统计年鉴2014［M］.北京:中国统计出版
社,2015.

［2］ 中华人民共和国国家统计局.2015年国民经济与社会发展统计公报［EB/
OL］.(2016-02-29).http://www.stats.gov.cn/tjsj/zxfb/201602/t20160229_
1323991.html.

［3］ 秦勇,林大扬,叶建平.中国煤层气资源［M］.徐州:中国矿业大学出版
社,1998.

［4］ 车长波,杨虎林,李富兵,等.我国煤层气资源勘探开发前景［J］.中国矿业,
2008,17(5):1-4.

［5］ 王震.新常态下煤炭产业发展战略思考［J］.中国能源,2015,37(3):30-33.

［6］ 中华人民共和国国家统计局.2011年国民经济和社会发展统计公报［EB/
OL］.(2012-02-22).http://www.stats.gov.cn/statsinfo/auto2074/201310/
t20131031_450700.html.

［7］ 中华人民共和国国家统计局.2012年国民经济和社会发展统计公报［EB/
OL］.(2013-02-22).http://www.stats.gov.cn/statsinfo/auto2074/201310/
t20131030_450316.html.

［8］ 韩英.六盘水市能源产业可持续发展对策研究［D］.贵阳:贵州大学,2007.

［9］ 李娜.煤炭规划环境影响评价指标体系研究［D］.西安:西安科技大
学,2009.

［10］ 胡中信.济北煤田煤中敏感性微量元素及其环境意义研究［D］.徐州:中
国矿业大学,2009.

［11］ 秦勇,袁亮,胡千庭,等.我国煤层气勘探与开发技术现状及发展方向［J］.
煤炭科学技术,2012,40(10):1-6.

［12］ 程远平.煤矿瓦斯防治理论与工程应用［M］.徐州:中国矿业大学出版
社,2010.

［13］ 程远平,俞启香.中国煤矿区域性瓦斯治理技术的发展［J］.采矿与安全工

程学报,2007,24(4):383-390.

[14] 郭红玉.基于水力压裂的煤矿井下瓦斯抽采理论与技术[D].焦作:河南理工大学,2011.

[15] 宋志敏.变形煤物理模拟与吸附-解吸规律研究[D].焦作:河南理工大学,2012.

[16] 吕闰生.受载瓦斯煤体变形渗流特征及控制机理研究[D].北京:中国矿业大学(北京),2014.

[17] 袁亮.卸压开采抽采瓦斯理论及煤与瓦斯共采技术体系[J].煤炭学报,2009,34(1):1-8.

[18] 李明.构造煤结构演化及成因机制[D].徐州:中国矿业大学,2013.

[19] 袁亮,张平松.煤炭精准开采透明地质条件的重构与思考[J].煤炭学报,2020,45(7):2346-2356.

[20] 秦勇,唐修义,叶建平.华北上古生界煤层甲烷稳定碳同位素组成与煤层气解吸-扩散效应[J].高校地质学报,1998,4(2):3-5.

[21] 任建刚.华北中南部中高煤级构造煤瓦斯扩散规律及控制机理研究[D].焦作:河南理工大学,2016.

[22] 林柏泉,张建国.矿井瓦斯抽放理论与技术[M].2 版.徐州:中国矿业大学出版社,2007.

[23] 宋志敏,刘见宝,任建刚,等.河南省煤田构造与控制作用研究[M].北京:煤炭工业出版社,2018.

[24] 宋志敏,马耕,任建刚,等.瓦斯抽采地质分析技术及应用[M].北京:科学出版社,2019.

[25] CREEDY D P.Geological controls on the formation and distribution of gas in British coal measure strata[J].International journal of coal geology,1988,10(1):1-31.

[26] BODDEN W R,EHRLICH R.Permeability of coals and characteristics of desorption tests:implications for coalbed methane production[J].International journal of coal geology,1998,35(1):333-347.

[27] MARKOWSKI A K.Coalbed methane resource potential and current prospects in Pennsylvania[J].International journal of coal geology,1998,38(1):137-159.

[28] 周克友.江苏省矿井瓦斯与地质构造关系分析[J].焦作工学院学报,1998,17(4):3-5.

[29] 王生全,王英.石嘴山一矿地质构造的控气性分析[J].中国煤炭地质,
    2000,12(4):31-34.

[30] 康继武.褶皱构造控制煤层瓦斯的基本类型[J].煤田地质与勘探,1994,
    22(1):30-32.

[31] KARACAN C Ö,RUIZ F A,COTÈET M,et al.Coal mine methane:a
    review of capture and utilization practices with benefits to mining
    safety and to greenhouse gas reduction[J].International journal of coal
    geology,2011,86(2):121-156.

[32] 刘贻军,娄建青.中国煤层气储层特征及开发技术探讨[J].天然气工业,
    2004,24(1):68-71,108.

[33] 芮绍发,陈富勇,宋三胜.煤矿中小型构造控制瓦斯涌出规律[J].矿业安
    全与环保,2001,28(6):18-19,75.

[34] 张子敏,林又玲,吕绍林,等.中国不同地质时代煤层瓦斯区域分布特征
    [J].地学前缘,1999,6(S1):3-5.

[35] 黄德生.地质构造控制煤与瓦斯突出的探讨[J].地质科学,1992(S1):
    201-207.

[36] 张建博,王红岩,赵庆波.中国煤层气地质[M].北京:地质出版社,2000.

[37] 宋岩,秦胜飞,赵孟军.中国煤层气成藏的两大关键地质因素[J].天然气
    地球科学,2007,18(4):545-553.

[38] 时保宏,赵靖舟,权海奇.试论煤层气藏概念与成藏要素[J].煤田地质与
    勘探,2005,33(1):22-25.

[39] 唐书恒,蔡超,朱宝存,等.煤变质程度对煤储层物性的控制作用[J].天然
    气工业,2008,28(12):30-33,53,136.

[40] FLORES R M.Coalbed methane:from hazard to resource[J].Interna-
    tional journal of coal geology,1998,35(1):3-26.

[41] 张天军,许鸿杰,李树刚,等.温度对煤吸附性能的影响[J].煤炭学报,
    2009,34(6):802-805.

[42] 刘日武,苏中良,方虹斌,等.煤层气的解吸/吸附机理研究综述[J].油气
    井测试,2010,19(6):37-44,83.

[43] AMINIAN K,AMERI S.Predicting production performance of CBM
    reservoirs[J].Journal of natural gas science and engineering,2009,1
    (1):25-30.

[44] 赵庆波,张公明.煤层气评价重要参数及选区原则[J].石油勘探与开发,

1999,45(2):3-5.

[45] 叶建平,武强,王子和.水文地质条件对煤层气赋存的控制作用[J].煤炭学报,2001,26(5):459-462.

[46] 刘勇.构造煤测井曲线判识理论研究与应用[D].焦作:河南理工大学,2014.

[47] 侯泉林,李培军,李继亮.闽西南前陆褶皱冲断带[M].北京:地质出版社,1995.

[48] 曹代勇,张守仁,任德贻.构造变形对煤化作用进程的影响:以大别造山带北麓地区石炭纪含煤岩系为例[J].地质论评,2002,48(3):313-317,338.

[49] 琚宜文,姜波,侯泉林,等.构造煤结构-成因新分类及其地质意义[J].煤炭学报,2004,29(5):513-517.

[50] 汤友谊,田高岭,孙四清,等.对煤体结构形态及成因分类的改进和完善[J].焦作工学院学报,2004,23(3):161-164.

[51] 孙四清.测井曲线判识构造软煤在煤与瓦斯突出区域预测中的应用[D].焦作:河南理工大学,2005.

[52] 王恩营,刘明举,魏建平.构造煤成因-结构-构造分类新方案[J].煤炭学报,2009,34(5):656-660.

[53] 郭红玉,苏现波,夏大平,等.煤储层渗透率与地质强度指标的关系研究及意义[J].煤炭学报,2010,35(8):1319-1322.

[54] 王恩营.构造煤形成的构造控制模式研究[D].焦作:河南理工大学,2009.

[55] 曹运兴,彭立世.顺煤断层的基本类型及其对瓦斯突出带的控制作用[J].煤炭学报,1995,20(4):413-417.

[56] 王生全,王贵荣,常青,等.褶皱中和面对煤层的控制性研究[J].煤田地质与勘探,2006,34(4):16-18.

[57] 刘咸卫,曹运兴,刘瑞,等.正断层两盘的瓦斯突出分布特征及其地质成因浅析[J].煤炭学报,2000,25(6):571-575.

[58] 邵强,王恩营,王红卫,等.构造煤分布规律对煤与瓦斯突出的控制[J].煤炭学报,2010,35(2):250-254.

[59] 傅雪海,秦勇.多相介质煤层气储层渗透率预测理论与方法[M].徐州:中国矿业大学出版社,2003.

[60] PILLALAMARRY M,HARPALANI S,LIU S M.Gas diffusion behavior of coal and its impact on production from coalbed methane reservoirs[J].Inter-

national journal of coal geology,2011,86(4):342-348.

[61] 李修磊.不同解吸公式对混合粒度颗粒煤瓦斯解吸的适用性研究[J].煤矿安全,2020,51(9):35-40.

[62] 李冰,宋志敏,任建刚,等.深部构造煤及其扩散特征研究现状与展望[J].科技通报,2015,31(1):23-26.

[63] 冯增朝.低渗透煤层瓦斯强化抽采理论及应用[M].北京:科学出版社,2008.

[64] 邹明俊.三孔两渗煤层气产出建模及应用研究[D].徐州:中国矿业大学,2014.

[65] 黄家国,许开明,郭少斌,等.基于 SEM、NMR 和 X-CT 的页岩储层孔隙结构综合研究[J].现代地质,2015,29(1):198-205.

[66] YAO Y B,LIU D M,TANG D Z,et al.Fractal characterization of seepage-pores of coals from China:an investigation on permeability of coals[J].Computer and geosciences,2009,35(6):1159-1166.

[67] GAN H, LOW P F. Spectroscopic study of ionic adjustments in the electric double layer of montmorillonite[J]. Journal of colloid and interface science,1993,161(1):1-5.

[68] 郝琦.煤的显微孔隙形态特征及其成因探讨[J].煤炭学报,1987,12(4):51-56,97-101.

[69] JU Y W,WANG G L,JIANG B,et al.Microscosmic anaysis of ductile shearing zones of coal seams of brittle deformation domain in superficial lithosphere[J].Science China(Earth sciences),2004,47(5):393-404.

[70] 戚灵灵.基于煤孔隙特征的焦作矿区二₁煤层瓦斯吸附/解吸响应特性研究[D].焦作:河南理工大学,2013.

[71] GAMSON P,BEAMISH B,JOHNSON D.Coal microstructure and secondary mineralization:their effect on methane recovery[J].Geological society,London,special publications,1996,109(1):165-179.

[72] 霍永忠,张爱云.煤层气储层的显微孔裂隙成因分类及其应用[J].煤田地质与勘探,1998(6):3-5.

[73] 孟巧荣,赵阳升,胡耀青,等.焦煤孔隙结构形态的实验研究[J].煤炭学报,2011,36(3):487-490.

[74] 王生维,陈钟惠,张明.煤基岩块孔裂隙特征及其在煤层气产出中的意义

[J].地球科学,1995,20(5):557-561.

[75] 王生维,陈钟惠.煤储层孔隙、裂隙系统研究进展[J].地质科技情报,1995,14(1):53-59.

[76] 张慧,吴静,袁立颖,等.煤中气孔的发育特征与影响因素浅析[J].煤田地质与勘探,2019,47(1):78-85,91.

[77] 赵阳升.多孔介质多场耦合作用及其工程响应[M].北京:科学出版社,2010.

[78] 刘大锰,李振涛,蔡益栋.煤储层孔-裂隙非均质性及其地质影响因素研究进展[J].煤炭科学技术,2015,43(2):10-15.

[79] 郝晋伟,李阳.构造煤孔隙结构多尺度分形表征及影响因素研究[J].煤炭科学技术,2020,48(8):164-174.

[80] SONG Y, JIANG B, HAN Y Z. Macromolecular response to tectonic deformation in low－rank tectonically deformed coals(TDCs)[J]. Fuel, 2018, 219:279-287.

[81] OKOLO G N, EVERSON R C, NEOMAGUS H W J P, et al. Comparing the porosity and surface areas of coal as measured by gas adsorption,mercury intrusion and SAXS techniques[J].Fuel,2015,141:293-304.

[82] SAKUROVS R,HE L L,MELNICHENKO Y B,et al.Pore size distribution and accessible pore size distribution in bituminous coals[J].International journal of coal geology,2012,100:51-64.

[83] ZHAO Y X,LIU S M,ELSWORTH D,et al.Pore structure characterization of coal by synchrotron small-angle X-ray scattering and transmission electron microscopy[J]. Energy and fuels, 2014, 28(6):3704-3711.

[84] PERERA M S A,RANJITH P G,CHOI S K,et al.Estimation of gas adsorption capacity in coal:a review and an analytical study[J].International journal of coal preparation and utilization,2012,32(1):25-55.

[85] WU D,LIU G J,RUOYU S,et al.Influences of magmatic intrusion on the macromolecular and pore structures of coal:evidences from Raman spectroscopy and atomic force microscopy[J].Fuel,2014,119:191-201.

[86] BAALOUSHA M, LEAD, J R. Characterization of natural aquatic colloids(＜ 5 nm) by flow-field flow fractionation and atomic force mi-

croscopy[J]. Environmental science and technology, 2007, 41（4）: 1111-1117.

[87] YAO S P, JIAO K, ZHANG K, et al. An atomic force microscopy study of coal nanopore structure[J]. Science bulletin, 2011, 56(25): 2706-2712.

[88] PAN J N, ZHU H T, BAI H L, et al. Atomic force microscopy study on microstructure of various ranks of coals[J]. Journal of coal science and engineering, 2013, 19(3): 309-315.

[89] 宫伟力, 李晨. 煤岩结构多尺度各向异性特征的 SEM 图像分析[J]. 岩石力学与工程学报, 2010, 29(S1): 2681-2689.

[90] 韩德馨. 中国煤岩学[M]. 徐州: 中国矿业大学出版社, 1996.

[91] 常会珍, 秦勇, 王飞. 贵州珠藏向斜煤样孔隙结构的差异性及其对渗流能力的影响[J]. 高校地质学报, 2012, 18(3): 544-548.

[92] 李希建, 林柏泉, 施天虎. 贵州典型矿区突出煤孔隙结构及其吸附特性实验研究[J]. 采矿与安全工程学报, 2013, 30(3): 415-420.

[93] 常迎梅, 杨红果, 马腾武, 等. 基于 AFM 的煤体微结构研究[J]. 现代科学仪器, 2006(6): 71-72.

[94] BRUENING F A, COHEN A D. Measuring surface properties and oxidation of coal macerals using the atomic force microscope[J]. International journal of coal geology, 2005, 63(3): 195-204.

[95] 张井, 于冰, 唐家祥. 瓦斯突出煤层的孔隙结构研究[J]. 中国煤田地质, 1996, 8(2): 71-74.

[96] 宋晓夏, 唐跃刚, 李伟, 等. 基于显微 CT 的构造煤渗流孔精细表征[J]. 煤炭学报, 2013, 38(3): 435-440.

[97] 姚艳斌, 刘大锰, 蔡益栋, 等. 基于 NMR 和 X-CT 的煤的孔裂隙精细定量表征[J]. 中国科学: 地球科学, 2010, 40(11): 1598-1607.

[98] 莫邵元, 何顺利, 谢全, 等. 利用 CT 扫描研究低渗透砂岩低速水驱特征[J]. 科技导报, 2015, 33(5): 46-51.

[99] 于艳梅, 胡耀青, 梁卫国, 等. 应用 CT 技术研究瘦煤在不同温度下孔隙变化特征[J]. 地球物理学报, 2012, 55(2): 637-644.

[100] 姚素平, 焦堃, 张科, 等. 煤纳米孔隙结构的原子力显微镜研究[J]. 科学通报, 2011(22): 1820-1827.

[101] 孟召平, 田永东, 李国富. 煤层气开发地质学理论与方法[M]. 北京: 科学出版社, 2015.

[102] 韩贝贝,秦勇,张政,等.基于压汞试验的煤可压缩性研究及压缩量校正[J].煤炭科学技术,2015,43(3):68-72.

[103] 郭红玉,王惠风,苏现波,等.二氧化氯对煤储层孔隙结构的影响[J].天然气工业,2013,33(11):40-44.

[104] 李明,姜波,秦勇,等.构造煤中矿物质对孔隙结构的影响研究[J].煤炭学报,2017,42(3):726-731.

[105] 李明,姜波,兰凤娟,等.黔西-滇东地区不同变形程度煤的孔隙结构及其构造控制效应[J].高校地质学报,2012,18(3):533-538.

[106] 郭德勇,郭晓洁,李德全.构造变形对烟煤级构造煤微孔-中孔的作用[J].煤炭学报,2019,44(10):3135-3144.

[107] 赵志根,唐修义.低温氮吸附法测试煤中微孔隙及其意义[J].煤田地质与勘探,2001,29(5):28-30.

[108] 杨甫,贺丹,马东民,等.低阶煤储层微观孔隙结构多尺度联合表征[J].岩性油气藏,2020,32(3):14-23.

[109] 王向浩,王延斌,高莎莎,等.构造煤与原生结构煤的孔隙结构及吸附性差异[J].高校地质学报,2012,18(3):528-532.

[110] 戚灵灵,王兆丰,杨宏民,等.基于低温氮吸附法和压汞法的煤样孔隙研究[J].煤炭科学技术,2012,40(8):36-39,87.

[111] 朱育平.小角 X 射线散射:理论、测试、计算及应用[M].北京:化学工业出版社,2008.

[112] 宋晓夏,唐跃刚,李伟,等.基于小角 X 射线散射构造煤孔隙结构的研究[J].煤炭学报,2014,39(4):719-724.

[113] 郭德勇,李春娇,张友谊.平顶山矿区原生结构煤和构造煤孔渗实验对比[J].地球科学(中国地质大学学报),2014,39(11):1600-1606.

[114] 郭德勇,韩德馨,张建国.平顶山矿区构造煤分布规律及成因研究[J].煤炭学报,2002,27(3):249-253.

[115] 郭德勇,韩德馨,冯志亮.围压下构造煤的孔隙度和渗透率特征实验研究[J].煤田地质与勘探,1998,26(4):3-5.

[116] 韩双彪,张金川,杨超,等.渝东南下寒武页岩纳米级孔隙特征及其储气性能[J].煤炭学报,2013,38(6):1038-1043.

[117] 赵爱红,廖毅,唐修义.煤的孔隙结构分形定量研究[J].煤炭学报,1998,23(4):339-442.

[118] 孙波,王魁军,张兴华.煤的分形孔隙结构特征的研究[J].煤矿安全,

1999(1):38-40.

[119] 亓中立.煤的孔隙系统分形规律的研究[J].煤矿安全,1994(6):2-5,22.

[120] 傅雪海,秦勇,薛秀谦,等.煤储层孔、裂隙系统分形研究[J].中国矿业大学学报,2001,30(3):225-228.

[121] 傅雪海,秦勇,张万红,等.基于煤层气运移的煤孔隙分形分类及自然分类研究[J].科学通报,2006,50(S1):51-55.

[122] 疏义国,胡继松.色连二矿低变质程度煤层孔裂隙及其分形特性[J].煤炭工程,2020,52(8):163-168.

[123] 谢和平.分形-岩石力学导论[M].北京:科学出版社,1996.

[124] 郭品坤,程远平,卢守青,等.基于分形维数的原生煤与构造煤孔隙结构特征分析[J].中国煤炭,2013,39(6):73-77.

[125] 姜文,唐书恒,张静平,等.基于压汞分形的高变质石煤孔渗特征分析[J].煤田地质与勘探,2013,41(4):9-13.

[126] 宋晓夏,唐跃刚,李伟,等.中梁山南矿构造煤吸附孔分形特征[J].煤炭学报,2013,38(1):134-139.

[127] 杨宇,孙晗森,彭小东,等.煤层气储层孔隙结构分形特征定量研究[J].特种油气藏,2013,20(1):31-33,88,152.

[128] 金毅,宋慧波,胡斌,等.煤储层分形孔隙结构中流体运移格子Boltzmann模拟[J].中国科学:地球科学,2013,43(12):1984-1995.

[129] 董骏.基于等效物理结构的煤体瓦斯扩散特性及应用[D].徐州:中国矿业大学,2018.

[130] BUSCH A,GENSTERBLUM Y,KROOSS B M,et al.Methane and carbon dioxide adsorption-diffusion experiments on coal:upscaling and modeling[J].International journal of coal geology,2005,60(2-4):151-168.

[131] HAZELBAKER E D,BUDHATHOKI S,KATIHAR A,et al.Combined application of high-field diffusion NMR and molecular dynamics simulations to study dynamics in a mixture of carbon dioxide and an imidazolium-based ionic liquid[J].The journal of physical chemistry B,2012,116(30):9141-9151.

[132] TANG M J,COX R A,KALBERER M.Compilation and evaluation of gas phase diffusion coefficients of reactive trace gases in the atmosphere:volume 1.inorganic compounds[J].Atmospheric chemistry and

physics,2014,14(17):9233-9247.

[133] YAO C C,CHEN T J.A new simplified method for estimating film mass transfer and surface diffusion coefficients from batch adsorption kinetic data[J].Chemical engineering journal,2015,265:93-99.

[134] 何学秋,聂百胜.孔隙气体在煤层中扩散的机理[J].中国矿业大学学报, 2001,30(1):1-4.

[135] 杨其銮,王佑安.煤屑瓦斯扩散理论及其应用[J].煤炭学报,1986(3): 87-94.

[136] 聂百胜.煤粒瓦斯解吸扩散动力过程的实验研究[D].太原:太原理工大 学,1998.

[137] 聂百胜,何学秋,王恩元.瓦斯气体在煤层中的扩散机理及模式[J].中国 安全科学学报,2004,10(6):24-28.

[138] 聂百胜,何学秋,王恩元.瓦斯气体在煤孔隙中的扩散模式[J].矿业安全 与环保,2000,27(5):14-16,61.

[139] 聂百胜,张力,马文芳.煤层甲烷在煤孔隙中扩散的微观机理[J].煤田地 质与勘探,2000,28(6):20-22.

[140] 聂百胜,郭勇义,吴世跃,等.煤粒瓦斯扩散的理论模型及其解析解[J]. 中国矿业大学学报,2001,30(1):19-22.

[141] 蔡银英,程建圣,程波.基于时变扩散系数的圆柱体煤屑的瓦斯放散规 律研究[J].矿业安全与环保,2020,47(3):32-36.

[142] 简星,关平,张巍.煤中 CO_2 的吸附和扩散:实验与建模[J].中国科学: 地球科学,2012,42(4):492-504.

[143] 聂百胜,王恩元,郭勇义,等.煤粒瓦斯扩散的数学物理模型[J].辽宁工 程技术大学学报(自然科学版),1999,18(6):3-5.

[144] 张国成,任建刚,宋志敏,等.方向性原煤 CH_4 气体扩散实验及矢量计算 模型[J].河南理工大学学报(自然科学版),2015,34(5):593-599.

[145] 刘晓.煤-围岩水力扰动增透机理及技术研究[D].焦作:河南理工大 学,2015.

[146] 冯克难.分数阶微积分及其在无限分形介质反常扩散方程中的应用 [D].济南:山东大学,2010.

[147] 李志强,王登科,宋党育.新扩散模型下温度对煤粒瓦斯动态扩散系数 的影响[J].煤炭学报,2015,40(5):1055-1064.

[148] 苏恒.基于球状模型颗粒煤瓦斯扩散规律实验研究[D].焦作:河南理工

大学,2015.

[149] 袁军伟.颗粒煤瓦斯扩散时效特性研究[D].北京:中国矿业大学(北京),2014.

[150] 刘彦伟.煤粒瓦斯放散规律,机理与动力学模型研究[D].焦作:河南理工大学,2011.

[151] 蒋晓芸,徐明瑜.分形介质分数阶反常守恒扩散模型及其解析解[J].山东大学学报(理学版),2003,38(5):29-32.

[152] 王晟,马正飞,姚虎卿.多孔材料分形扩散模型的 Fourier-Bessel 级数算法及其应用[J].计算物理,2008,25(3):289-295.

[153] 郭勇义,吴世跃,王跃明,等.煤粒瓦斯扩散及扩散系数测定方法的研究[J].山西矿业学院学报,1997,15(1):15-19.

[154] 韩颖,张飞燕,余伟凡,等.煤屑瓦斯全程扩散规律的实验研究[J].煤炭学报,2011,36(10):1699-1703.

[155] 林柏泉,刘厅,杨威.基于动态扩散的煤层多场耦合模型建立及应用[J].中国矿业大学学报,2018,47(1):32-39,112.

[156] 李前贵,康毅力,罗平亚.煤层甲烷解吸-扩散-渗流过程的影响因素分析[J].煤田地质与勘探,2003,31(4):26-29.

[157] 王兆丰.空气、水和泥浆介质中煤的瓦斯解吸规律与应用研究[D].徐州:中国矿业大学,2001.

[158] 温志辉.构造煤瓦斯解吸规律的实验研究[D].焦作:河南理工大学,2007.

[159] 戴林超.煤体瓦斯解吸扩散实验及理论研究[D].北京:中国矿业大学(北京),2012.

[160] 夏雅君.工程传质学[M].北京:机械工业出版社,1985.

[161] 郝石生,黄志龙,杨家琪,等.工程传质学[M].北京:石油工业出版社,1994.

[162] 张小东,刘炎昊,桑树勋,等.高煤级煤储层条件下的气体扩散机制[J].中国矿业大学学报,2011,40(1):43-48.

[163] CHARRIÈRE D,POKRYSZKA Z,BEHRA P.Effect of pressure and temperature on diffusion of CO_2 and CH_4 into coal from the Lorraine basin(France)[J].International journal of coal geology,2009,81(4):373-380.

[164] CLARKSON C R,BUSTIN R M.The effect of pore structure and gas

pressure upon the transport properties of coal: a laboratory and modeling study. 2. adsorption rate modeling [J]. Fuel, 1999, 78(11): 1345-1362.

[165] CUI X, BUSTIN R M, DIPPLE G. Selective transport of CO_2, CH_4, and N_2 in coals: insights from modeling of experimental gas adsorption data [J]. Fuel, 2004, 83(3): 293-303.

[166] 张登峰, 崔永君, 李松庚, 等. 甲烷及二氧化碳在不同煤阶煤内部的吸附扩散行为[J]. 煤炭学报, 2011, 36(10): 1693-1698.

[167] 陈富勇, 琚宜文, 李小诗, 等. 构造煤中煤层气扩散-渗流特征及其机理[J]. 地学前缘, 2010, 17(1): 195-201.

[168] 周丹. 潞安矿区山西组 3# 煤层储层特征及成因机理[D]. 焦作: 河南理工大学, 2011.

[169] 翁红波. 煤层气井水力压裂效果评价与消突时间预测研究[D]. 焦作: 河南理工大学, 2015.

[170] 曹代勇, 张杰林, 关英斌, 等. 潞安矿区构造格局及构造演化[J]. 煤炭学报, 1995(2): 174-179.

[171] 黄广林. 潞安矿区煤储层特征及地质控制因素分析[J]. 中国煤层气, 2008(1): 25-27.

[172] 曹代勇, 吴国强, 韩远方, 等. 潞安矿区屯留井田断裂构造研究[J]. 中国煤田地质, 1995(2): 7-10.

[173] 田志强. 潞安矿区屯留井田构造特征[J]. 煤, 2004, 13(6): 5-6.

[174] 李世峰, 金瞰昆, 刘素娟. 矿井地质与矿井水文地质[M]. 徐州: 中国矿业大学出版社, 2009.

[175] 张子敏. 瓦斯地质学[M]. 徐州: 中国矿业大学出版社, 2009.

[176] 高正, 马东民, 陈跃, 等. 含水率对不同宏观煤岩类型甲烷吸附/解吸特征的影响[J]. 煤炭科学技术, 2020, 48(8): 97-105.

[177] 杨起, 韩德馨. 中国煤田地质学[M]. 北京: 煤炭工业出版社, 1979.

[178] 陈家良, 邵振杰, 秦勇. 能源地质学[M]. 徐州: 中国矿业大学出版社, 2004.

[179] 傅雪海, 秦勇, 韦重韬. 煤层气地质学[M]. 徐州: 中国矿业大学出版社, 2007.

[180] 邵震杰, 任文忠, 陈家良. 煤田地质学[M]. 北京: 煤炭工业出版社, 1993.

[181] 贺天才, 秦勇. 煤层气勘探与开发利用技术[M]. 徐州: 中国矿业大学出

版社,2007.

[182] 李志强,刘勇,许彦鹏,等.煤粒多尺度孔隙中瓦斯扩散机理及动扩散系数新模型[J].煤炭学报,2016(3):633-643.

[183] 吕闰生,张子戌.矿井地质学[M].徐州:矿业大学出版社,2017.

[184] 刘高峰.高温高压三相介质煤吸附瓦斯机理与吸附模型[D].焦作:河南理工大学,2011.

[185] 孙占学,张文,胡宝群,等.沁水盆地大地热流与地温场特征[J].地球物理学报,2006,49(1):130-134.

[186] 苏现波,陈江峰,孙俊民,等.煤层气地质学与勘探开发[M].北京:科学出版社,2001.

[187] 苏现波,林晓英.煤层气地质学[M].北京:煤炭工业出版社,2009.

[188] 中国煤田地质总局.中国煤层气资源[M].徐州:中国矿业大学出版社,1998.

[189] 康红普,林健,张晓,等.潞安矿区井下地应力测量及分布规律研究[J].岩土力学,2010,31(3):827-831,844.

[190] 任润厚.潞安矿区围岩地应力分布规律[J].矿山压力与顶板管理,2005,22(1):102-103,108.

[191] 鞠文君.急倾斜特厚煤层水平分层开采巷道冲击地压成因与防治技术研究[D].北京:北京交通大学,2009.

[192] 杨世杰.特厚煤层综放开采动力灾害规律现场测试研究[D].西安:西安科技大学,2007.

[193] 曹金凤,孔亮,王旭春.水压致裂法地应力测量的数值模拟[J].地下空间与工程学报,2012,8(1):148-153.

[194] 邢博瑞.单孔三维水压致裂原位地应力测量应用研究[D].北京:中国地质大学(北京),2014.

[195] 乔彦伟.地应力测量技术在煤矿开采中的应用[D].包头:内蒙古科技大学,2014.

[196] 俞启香,程远平.矿井瓦斯防治[M].徐州:中国矿业大学出版社,2012.

[197] 吴世跃.煤层中的耦合运动理论及其应用:具有吸附作用的气固耦合运动理论[M].北京:科学出版社,2009.

[198] 汤达祯,王生维.煤储层物性控制机理及有利储层预测方法[M].北京:科学出版社,2010.

[199] 于可伟.煤矿井下巷道围岩地质力学测试试验研究[J].煤炭科学技术,

2019,47(12):62-67.

[200] 沈荣喜,侯振海,王恩元,等.基于三向应力监测装置的地应力测量方法研究[J].岩石力学与工程学报,2019,38(S2):3618-3624.

[201] 郭文雕,王显军,杨树新.论述原地应力测量水压致裂法发展状况[J].决策探索(中),2018(11):34-36.

[202] 吴志刚.数字定向器在地应力测量中的应用[J].煤炭技术,2008,27(6):125-126.

[203] 郭伟杰,龚成,李晶.地应力测量方法及其需要注意的问题[J].价值工程,2010(25):136-137.

[204] 秦向辉,陈群策,赵星光,等.水压致裂地应力测量中系统柔度影响试验研究[J].岩石力学与工程学报,2020,39(6):1189-1202.

[205] 焦作矿业学院瓦斯地质研究室.瓦斯地质概论[M].北京:煤炭工业出版社,1990.

[206] 张新民,庄军,张遂安.中国煤层气地质与资源评价[M].北京:科学出版社,2002.

[207] 张小东.煤分级萃取的吸附响应及其地球化学机理[D].徐州:中国矿业大学,2005.

[208] 张小东,苗书雷,王勃,等.煤体结构差异的孔隙响应及其控制机理[J].河南理工大学学报(自然科学版),2013,32(2):125-130.

[209] 李阳.构造煤多尺度孔隙结构与瓦斯扩散分形特征[D].焦作:河南理工大学,2019.

[210] 赵志根,蒋新生.谈煤的孔隙大小分类[J].标准化报道,2000,21(5):23-24.

[211] 刘世奇,王鹤,王冉,等.煤层孔隙与裂隙特征研究进展[J/OL].沉积学报,[2020—08—27].https://kns.cnki.net/kcms/detail/detail.aspx?doi=10.14027/j.issn.1000-0550.2020.064.

[212] 施兴华.煤中微裂隙结构特征及其对煤渗透性的控制机理[D].焦作:河南理工大学,2018.

[213] 霍永忠.煤储层的气体解吸特性研究[J].天然气工业,2004,24(5):24-26,145.

[214] 段超超,傅雪海,刘正.沁水盆地阜生煤矿煤储层物性特征[J].煤矿安全,2018,49(10):183-186,190.

[215] 傅雪海,秦勇,张万红.高煤级煤基质力学效应与煤储层渗透率耦合关

系分析[J].高校地质学报,2003,9(3):373-377.

[216] 董轩萌,郭立稳,董宪伟,等.不同煤种孔隙结构分布及特征研究[J].煤炭技术,2020,39(9):83-86.

[217] GAN H,NANDI S P,WALKER P L.Nature of the porosity in American coals[J].Fuel,1972,51(4):272-277.

[218] 张慧.煤孔隙的成因类型及其研究[J].煤炭学报,2001,26(1):40-44.

[219] 陈萍,唐修义.低温氮吸附法与煤中微孔隙特征的研究[J].煤炭学报,2001,26(5):552-556.

[220] 霍多特 B B.煤与瓦斯突出[M].宋士钊,王佑安,等译.北京:中国工业出版社,1966.

[221] 秦勇,徐志伟,张井.高煤级煤孔径结构的自然分类及其应用[J].煤炭学报,1995,20(3):266-271.

[222] 吕闰生.矿井瓦斯涌出量及突出危险性预测研究[D].焦作:河南理工大学,2005.

[223] 吴俊.中国煤成烃基本理论与实践[M].北京:煤炭工业出版社,1994.

[224] 秦勇.中国高煤级煤的显微岩石学特征及结构演化[M].徐州:中国矿业大学出版社,1994.

[225] SONG Y, JIANG B, LIU J G. Nanopore structural characteristics and their impact on methane adsorption and diffusion in low to medium tectonically deformed coals: case study in the Huaibei coal field [J]. Energy and fuels, 2017, 31(7):6711-6723.

[226] 琚宜文,姜波,王桂樑,等.构造煤结构及储层物性[M].徐州:中国矿业大学出版社,2005.

[227] 严继民,张启元.吸附与凝聚:固体的表面与孔隙[M].北京:科学出版社,1979.

[228] 降文萍,宋孝忠,钟玲文.基于低温液氮实验的不同煤体结构煤的孔隙特征及其对瓦斯突出影响[J].煤炭学报,2011,36(4):609-614.

[229] 汪雷,汤达祯,许浩,等.基于液氮吸附实验探讨煤变质作用对煤微孔的影响[J].煤炭科学技术,2014,42(S1):256-260.

[230] 杨涛,赵东云,李忠备.基于液氮吸附的煤体孔隙结构测试研究[J].煤炭技术,2017,36(11):139-141.

[231] 徐龙君,张代钧,鲜学福.煤微孔的分形结构特征及其研究方法[J].煤炭转化,1995,18(1):31-38.

［232］李焕同,陈飞,邹晓艳,等.基于低温液氮吸附法的陕南中低煤级煤孔隙结构特征[J].中国科技论文,2019,14(7):808-814.

［233］李子文,林柏泉,郝志勇,等.煤体多孔介质孔隙度的分形特征研究[J].采矿与安全工程学报,2013,30(3):437-442,448.

［234］王荣杰,陈义胜,李保卫,等.用气体吸附法研究煤的分形维数[J].包头钢铁学院学报,1997,16(3):188-192.

［235］郑贵强.不同煤阶煤的吸附、扩散及渗流特征实验和模拟研究[D].北京:中国地质大学(北京),2012.

［236］李海燕,傅广,彭仕宓.天然气扩散系数的实验研究[J].石油实验地质,2001,23(1):108-112.

［237］李海燕,彭仕宓,傅广.天然气扩散系数的研究方法[J].石油勘探与开发,2001,28(1):33-36.

［238］陶树,王延斌,汤达祯,等.沁水盆地南部煤层孔隙-裂隙系统及其对渗透率的贡献[J].高校地质学报,2012,18(3):522-527.

［239］刘厅.深部裂隙煤体瓦斯抽采过程中的多场耦合机制及其工程响应[D].徐州:中国矿业大学,2019.

［240］张子戌,袁崇孚.瓦斯地质数学模型法预测矿井瓦斯涌出量研究[J].煤炭学报,1999,24(4):3-5.

［241］张子戌,张许良,袁崇孚.瓦斯地质数学模型软件的开发[J].煤田地质与勘探,2002,30(2):28-30.

［242］张许良,彭苏萍,张子戌,等.煤与瓦斯突出数学地质模型研究[J].煤田地质与勘探,2004,32(1):14-17.